JN492574

교육이론실천연구 시리즈 No. 112

지리 교수와 함께 가는

제주 여행

송언근 지음

교육과학사

책을 내면서

여행은 익숙한 곳에서 낯선 세상으로 들어가는 것입니다. 여행자는 새로운 세상에서 두 발로 걷고, 두 눈으로 보면서 새로운 환경, 새로운 문화를 온 몸으로 경험합니다. 책보다 여행의 기억이 오래가는 것도 경험이 직접적이기 때문입니다. 새로운 경험은 세상을 보다 넓고, 깊게 보게 합니다. 경험이 깊어지면 삶을 판단하는 기준도 깊어지고, 넓어집니다. 여행이 삶을 의미롭고, 풍요롭게 만드는 것도 이 때문입니다.

삶을 의미롭게 만드는 여행은 보는 여행이 아니라 의미를 부여하는 여행입니다. 이것은 여행 장소의 지리, 역사, 문화에 대해 공부하고, 이를 토대로 보는 것을 넘어 의미를 부여하고, 해석하는 여행입니다. 이를 '답사적인 여행, 여행적인 답사'라고 할 수 있습니다. 이렇게 할 때 여행에서 얻은 지식과 지혜는 진짜 자신의 것이 됩니다.

2019년 3월 7일 연구교수로 제주대학교에 도착한 다음 날부터 답사 같은 여행, 여행 같은 답사를 하였습니다. 비가 올 때를 제외하면 거의 매일 다녔습니다. 오랜 답사 습관으로 숙소로 돌아와서는 답사에서 보고, 듣고, 느낀 것들을 정리했습니다. 일 년 동안 제주도 곳곳을 답사하면서 지금의 현상을 만든 요인을 찾아 그것의 의미를 해석하였습니다. 눈에 보이는 현상보다 그런 현상을 만든 맥락을 찾고, 해석하는 것이 재미있어 밤새는 줄 모르기도

했습니다.

답사에서 보고, 듣고, 느낀 것들을 정리하면서 '다른 사람들도 제주도 각 장소의 의미를 알고 여행하면 좋을 것인데'라는 생각을 하였습니다. 그 때 제주도가 진짜로 보이고, 진짜로 이해하면서 사랑하게 되기 때문입니다.

답사하는 동안 외지인이어서 제주도민이 당연하게 여겼던 것을 새롭게 보기도 하고, 보지 못하는 부분을 보기도 합니다. 반면 짧은 경험과 얕은 지식으로 잘못 보기도 합니다. 내 수준에서의 분석이고, 해석이어서 부족한 곳이 한두 군데가 아닐 것입니다. 지나치거나 모자란 해석도 있고, 잘못된 해석도 있을 것입니다. 그럼에도 이 책을 낸 것은 맞고, 틀리고를 떠나 장소의 의미를 추론하고, 상상하고, 해석하는 즐거움을 느끼는 답사 같은 제주 여행, 여행 같은 제주 답사를 하는 데 작은 도움이 되었으면 하는 바람 때문입니다. 그래서 책도 같이 여행하면서 이야기하듯이 구성하였습니다.

책을 쓰는 동안 여러 사람들로부터 도움을 받았습니다. 제주대학교에 있는 동안 물심양면으로 도와주고, 귀한 자료까지 제공해 준 손명철 교수님에게 깊은 감사의 마음을 전합니다. 제주도 산림 자료를 제공해 준 제주도청 환경보전국 김태후 주무관님, 제주도 지하수 자료를 제공해 준 제주도 상하수도본부와 제주특별자치도개발공사 관계자 분, 제주도 문화 자료를 제공해 준 제주민속자연사박물관의 관계자 분들, 연대 자료를 제공해 준 아람 문화재 태윤창 부장님 그리고 여러 자료들을 복사하고, 제공해 준 제주대학교 지리교육과 교수님과 조교 선생님에게도 감사함을 전합니다. 제주대학에 있는 동안 따뜻하게 대해준 고마운 친구인 제주대학교 수의과대학 신태균 교수와 끈끈한 공동체 의식을 느끼게 해 준 이광만 교수님을 비롯한 사피엔스 독서 모임 회원님들, 그리고 어려운 사정에도 흔쾌히 출판을 허락해 준 교육과학사 관계자분들께도 감사함을 전합니다. 가장 고마운 사람은 같이 답사하고, 교정까지 세심히 봐준 집사람입니다.

여행 같은 답사, 답사 같은 여행을 기대하며

2020년 3월 송언근

책을 내면서 • 3

Ⅰ. 제주의 경관 특성 / 11

녹색 공간의 개방성과 연결성 ··· 13

Ⅱ. 제주의 지형 살피기 / 19

제주도 발달 과정 ··· 21
제주도 지형과 용암: 파호이호이 용암과 아아 용암 ··· 27
주상절리 ··· 35

Ⅲ. 제주의 역사 여행 / 43

1. 삼성혈과 제주 읍성 ··· 45
   - 삼성혈과 건국신화 ··· 47
   - 제주의 중심지였던 제주목 관아 ··· 52
   - 제주목 관아의 파괴와 복원 ··· 59
   - 제주 읍성 답사하기 ··· 63

2. 제주의 관방시설 ··· 73
   - 환해장성 ··· 75
   - 연대 ··· 80
   - 수산진 ··· 86
   - 애월진 ··· 90
   - 항파두리성: 역사와 삼별초 ··· 94

Ⅳ. 제주의 문화 여행 / 101

1. 무덤 ······ 103

제주 무덤의 위치 ······ 105

제주 무덤의 구조 ······ 110

2. 돌담 ······ 115

진빌레 밭담길 ······ 117

하도리 갯담(원담) ······ 121

성읍민속마을 통싯담 ······ 125

사려니 숲의 잣성 ······ 128

3. 올레 ······ 135

올레를 위한 올레 걷기 ······ 137

주제가 있는 올레 걷기 ······ 141

Ⅴ. 제주인의 삶 살피기 / 147

1. 용천 ······ 149

용천과 제주인의 삶 ······ 151

물과 여성의 삶 ······ 156

새촘과 하천수 ······ 160

금산수원지 ······ 164

2. 제주인의 일상 ······ 169

제주의 시장: 제주민속오일장 ······ 171

제주 삼다의 의미: 돌, 바람, 여자 ······ 176

Ⅵ. 제주의 건축과 예술 여행 / 181

방주교회 ······ 183
성산포 성당과 일출봉 ······ 188
제주도 도립 김창렬 미술관 ······ 194
김영갑 갤러리 두모악 ······ 200
왈종 미술관 ······ 205

Ⅶ. 제주의 숲 여행 / 215

곶자왈 ······ 217
금산 공원(애월 곶자왈) ······ 223
비자림 ······ 229
사려니 숲길 ······ 235
절물자연휴양림 ······ 240

Ⅷ. 제주의 하천 여행 / 249

태풍 전후의 화북천 ······ 251
산지천과 용천 ······ 256
한천과 용연 ······ 261
쇠소깍 ······ 268
돈내코 ······ 276
제주의 폭포 ······ 281

Ⅸ. 제주의 산 여행 / 291

1. 한라산: 영실기암 ···· 293

6월의 영실기암 ···· 295

눈 내린 영실기암 ···· 308

2. 오름 ···· 317

제주 1경 『일출봉』 ···· 319

한라산을 닮은 『산방산』 ···· 328

일출봉과 우도 전망이 최고인 『지미오름』 ···· 337

김영갑 작가가 사랑한 『용눈이 오름』 ···· 341

오름의 여왕 『다랑쉬 오름』 ···· 349

가을 억새가 아름다운 『따라비 오름』 ···· 356

걷기 가성비가 좋은 『도돌 오름』 ···· 363

수성화산인 『두산봉과 당산봉』 ···· 368

Ⅹ. 제주의 섬 여행 / 383

마라도 ···· 385

제주도의 아름다움을 볼 수 있는 곳, 『우도』 ···· 392

참고문헌 ···· 404

I

제주의 경관 특성

사진: 아끈 다랑쉬

녹색 공간의 개방성과 연결성

제주도의 특징을 하나만 얘기하라면 나는 녹색 공간의 개방성과 연결성을 듭니다. 완만한 경사를 가진 방패모양의 한라산, 평탄한 용암대지, 바다 순으로 이어지는 지형과 따뜻한 난대 기후가 어우러져 만든 경관이 그것이기 때문입니다.

▲ 제주도 3D 모습

제주도와 달리 육지의 생활 터전은 대부분 분지 또는 골짜기입니다. 이는 우리나라 국토의 70%가 산지이기 때문입니다. 분지와 하곡은 산으로 둘러싸인 갇힌 공간입니다. 이 때문에 그 속에 사는 사람들의 시선은 한계가 있습니다. 산의 능선이 시선의 끝이라서 그 너머는 보이지 않습니다. 내륙뿐만 아니라 해안도 바다 쪽을 제외하면 산들이 장벽처럼 서 있습니다. 동해안과 남해안이 특히 그렇습니다. 해안도 반쪽 개방인 셈입니다. 그래도 내륙 사람들은 바다만 보면 좋아서 어쩔 줄을 모릅니다. 내륙에서는 상상도 못하는 공간의 광대한 개방성 때문입니다. 시야가 탁 트인 바다를 볼 때의 느낌은 감옥에서 출소한 사람이 느끼는 공간의 자유로움과 비슷할지 모르겠습니다. 늘 바다를 보는 제주 사람들은 이런 기분을 이해하지 못할 것입니다. 반쪽 개방성에도 감격하는 육지 사람들은 공간의 개방성과 연결성을 가진 제주를 보면 감탄할 수밖에 없습니다.

제주도의 공간적 특성은 한라산이 순상화산인데서 비롯됩니다. 한라산은 정상부에서 동서남북으로 완만하게 낮아집니다. 그 모습은 무쇠 솥뚜껑에 비유할 수 있습니다. 솥의 손잡이는 한라산 정상부와 비슷하고, 그 아래의 화산체는 손잡이 아래 완만한 경사의 솥뚜껑과 같습니다. 이런 형태이어서 한라산의 어디에서 보아도 시선을 막는 장애물은 별로 없습니다. 타원형인 산체는 공간의 개방성을 관찰자의 좌우로 연결합니다. 이것은 공간의 연결성으로 나아갑니다.

▲ 우도에서 본 순상화산인 한라산 전경

▲ 백약이 오름에서 본 제주 남동쪽 공간의 개방성과 연결성

▲ 다랑쉬 오름에서 본 제주 북쪽 공간의 개방성과 연결성

공간의 개방성과 연결성은 오름에서 최고조에 이릅니다. 오름은 평탄한 용암대지와 순상화산 위에 솟아 있어 주변보다 높습니다. 오름 정상에는 둥근 화구가 있는 경우가 많습니다. 이런 위치적·지형적 특성으로 오름의 화구에서는 어디에서든 제주 공간의 개방성과 연결성을 볼 수 있습니다. 이 같은 제주의 공간적 특성을 볼 수 있는 오름이 360여 개나 됩니다. 이러하니 오름을 오를 때마다 보는 것이 공간의 개방성과 연결성입니다.

제주도는 동서로 길쭉한 타원형이고, 해안지역은 용암대지여서 아주 평탄합니다. 오름에서 보면 넓은 바다와 섬, 곡선의 긴 해안선, 그 뒤의 평탄한 용암대지, 그리고 그 위의 오름들이 하나의 시선 속에 들어옵니다. '해안'이라는 선과 '바다'라는 면, 그리고 '오름'이라는 수직과 '용암대지'라는 수평의 조화가 보여주는 아름다움은 공간의 개방성과 연결성이 주는 선물입니다.

▲ 용눈이 오름에서 본 제주 동쪽 공간의 개방성과 연결성(바다, 섬, 오름, 용암대지는 개방적 공간 속에서 조화를 이룬다)

해안에서 한라산을 보면 완만한 경사의 순상화산 사면은 관찰자의 시선을 자신 쪽으로 끌고 갑니다. 육지의 산이 시선을 막는다면 한라산은 시선을 부드럽게 끌고 갑니다. 이 때문에 바다, 용암대지, 한라산으로 이어지는 선은 부드럽기 그지없습니다. 지형면은 이들을 따라 막힘없이 연결됩니다. 이 역시 공간의 개방성과 연결성입니다.

▲ 어승생악에서 본 제주의 북쪽 해안(바다, 용암대지, 한라산이 부드럽게 연결된다)

▲ 도두봉에서 본 해안과 한라산 사이의 개방적 지형 경관

넓고 완만한 경사의 지형을 녹색의 식물들이 카펫처럼 덮고 있습니다. 녹색의 식물이 뿜어내는 색감은 심리적 안정감을 줍니다. 완만한 지형들이 녹색으로

덮이면서 산에서 평지로, 평지에서 산으로 가면서 이들은 자연스럽게 하나의 땅이 됩니다. 이런 특징으로 제주의 녹지는 육지의 그것과 차원이 다릅니다. 육지의 녹지는 분절적이고, 파편적입니다. 나쁘게 말하면 옷의 맵시를 보여주기 위해 서 있는 마네킹처럼 도시 속에 외롭게 서 있습니다. 반면 제주도의 녹지는 섬 전체를 덮고 있습니다. 숲이 도시인지 도시가 숲인지 구분이 안 되는 곳이 제주도입니다.

이런 차이로 제주가 나타내는 녹색 공간의 개방성과 연결성은 단순한 개방과 연결이 아닙니다. 그것은 평화로움, 따뜻함, 부드러움, 친근함을 느끼게 하는 개방성과 연결성입니다. 이런 특성으로 제주도가 주는 녹색 공간의 개방성은 심리적 안정감, 심리적 편안함, 심리적 자유를 느끼게 해줍니다. 이것이 제주를 평화로운 땅, 여유로운 땅, 자유로운 땅으로 만드는 것 같습니다. 이 모든 것의 토대는 녹색 공간의 개방성과 연결성입니다.

Ⅱ

제주의 지형 살피기

사진: 산방산

제주도 발달 과정

제주도가 한 눈에 보이는 것은 비행기가 제주 공항에 착륙 준비를 할 무렵입니다. 비행기에서 보이는 제주도는 중앙부에 높고 넓게 자리 잡은 한라산과 그것을 둘러싼 넓고 평탄한 해안 지역, 그리고 곳곳에 보이는 올망졸망한 오름들입니다. 이들 세 가지는 제주도를 대표하는 지형입니다. 이들이 제주도를 대표한다는 것은 제주도 발달의 핵심 지형이 이들이라는 뜻이자 제주도의 발달 과정은 이들과 관련하여 이해할 필요가 있다는 뜻입니다.

▲ 차귀도 상공에서 본 제주 전경
(출처: https://blog.naver.com/asianatour_/221575869803)

제주도의 화산 활동은 크게 두 시기로 나누어집니다. 하나는 해저 화산 활동 시기이고, 다른 하나는 육상 화산 활동 시기입니다. 육상과 해저에서의 화산활동은 대략 50만 년 전을 기준으로 나누어집니다. 50만 년 이전, 특히 188만 년에서 50만 년 전 사이는 해저 화산 활동이 활발했던 시기입니다(고기원 외 4인, 2013). 해저에서의 화산 활동으로 화산재와 화산력들이 바다 밑에서부터 쌓여 올라왔습니다. 이 때 만들어진 지층을 '서귀포층'이라 합니다. 이것은 제주도 화산 활동의 시작이 되는 지층이어서 제주 화산의 '기준층'이라 불립니다.

오랜 수성 화산 활동으로 마침내 바다 위로 원시적인 제주도 모습이 나타났습니다. 이 시기가 50만 년 전쯤 됩니다. 이때부터 본격적인 육상에서의 화산 활동이 시작됩니다. 그러니 제주도가 육지로 발달하기 시작한 것은 겨우 50만 년에 불과합니다. 수억, 수천만 년 된 한반도의 본토와 비교하면 제주도는 갓 태어난 아이 수준이라 할 수 있습니다.

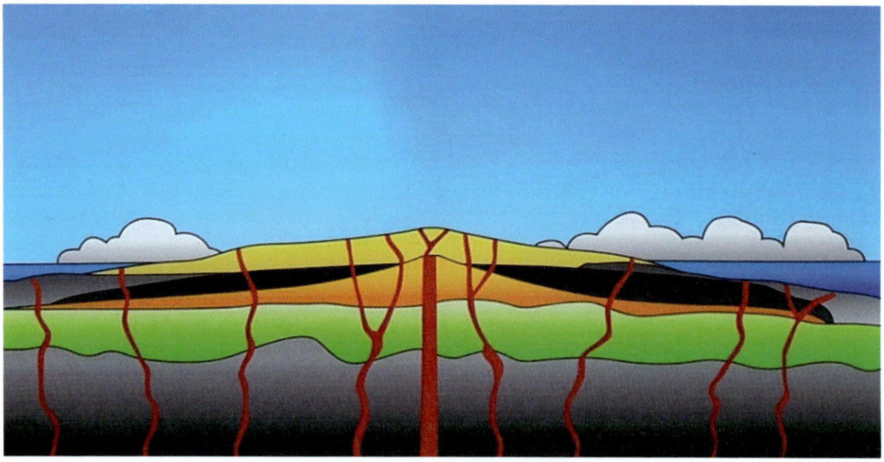

▲ 용암대지 형성기(출처: 교래곶자왈 생태체험관)

오늘날의 제주도 모습을 만든 육상 화산 활동 시기는 용암 대지, 한라산, 오름을 중심으로 크게 3단계로 나눌 수 있습니다. 1단계는 50만 년~30만 년 사이로서 오늘날 '제주도'라는 섬의 토대가 형성된 시기입니다. 이 시기에는 제주도 전 지역에서 지하 깊은 곳까지 연결된 길게 갈라진 틈 사이로 용암이 물 흐르듯이 넓게 퍼지면서 흘러내렸습니다. '깨어져서 생긴 틈'이라는 한자어인 '열하(裂罅)'를 사용하여, 이 시기의 용암 분출을 '열하 분출' 이라 합니다. 이 같은 용암 분출로 제주도의 해안 지역에서 볼 수 있는 넓고 평탄한 용암대지가 발달했습니다. 용암 대지는 제주도 서쪽과 동쪽 해안지역에 특히 넓게 발달했습니다. 이 시기에 한라산은 아직 발달하지 않았습니다.

▲ 용암 대지성 해안 지역(당산봉에서 본 제주도 서부 지역)

2단계는 30만 년에서 10만 년 전 사이로 이 시기에 이르러 비로소 제주도의 중심인 한라산이 만들어졌습니다. 제주도의 지형 골격은 이 때 만들어졌습니다(고기원 외 4인, 2013).

이 단계에서는 이전의 열하 분출과 달리 섬 중앙에 있는 중심 화구를 통해 다량의 용암이 사방으로 흘러내렸습니다. 중심 화구에서 용암이 반복적으로 흘러내리면서 화구를 중심으로 높이도 점차 높아졌습니다. 이런 과정을 통해

1,700m에 달하는 완만한 경사를 가진 오늘날의 한라산이 탄생했습니다. 그 모습이 마치 방패를 엎어 놓은 것 같다하여 '순상화산'이라 부릅니다. 순상화산은 한라산 정상부에 있는 돔 형태인 용암원정구 아래의 산체를 의미합니다. 이 단계에서는 아직 한라산 정상부가 발달하지 않았습니다.

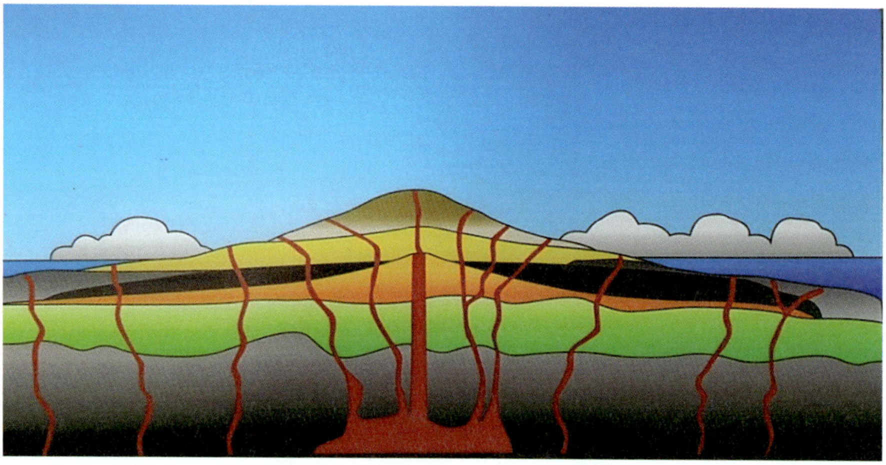

▲ 한라산 형성기(출처: 교래곶자왈 생태체험관)

▲ 한라산의 순상화산(점선)과 용암원정구(실선)

3단계는 10만 년에서 만년 사이로서, 이때에 이르러 비로소 현재와 같은 제주도가 만들어졌습니다(고기원 외 4인, 2013). 즉 이 시기에 한라산 정상부가 만들어지면서 오늘날과 같은 한라산 모습이 되었고, 오름들도 이 때 만들어졌습니다.

백록담이 있는 한라산 정상부는 대략 25,000년에서 100,000년 사이에 점성이 강한 조면암에 의해 용암돔의 형태로 만들어졌습니다. 점성이 낮아 멀리까지 흘러가는 현무암과 달리 조면암은 점성이 높아 빨리 굳기 때문에 흘러내지 못하고 위로 솟아오르면서 굳어 마치 종을 엎어놓은 것 같은 모습을 갖습니다. '용암원정구'라 불리는 용암돔의 전형적인 모습은 산방산에서 볼 수 있습니다. 이렇게 발달한 용암돔을 뚫고 다시 조면암질 용암이 흘러나오면서 직경 585m, 깊이 112m의 백록담 분화구가 만들어졌습니다. 백록담 분화구 형성은 적어도 2만 년 전으로 보고 있습니다(제주특별자치도, 2019).

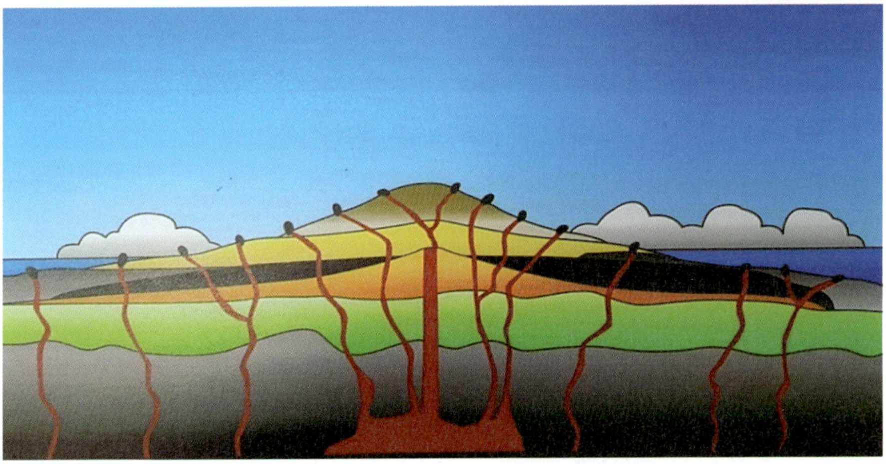

▲ 오름 형성기(출처: 교래곶자왈 생태체험관)

오름을 과거에는 '기생화산'이라 불렀습니다. 이는 화산체가 커지면 화도가 길어지고, 분화의 압력이 낮을 때 용암이 탈출하기 쉬운 균열을 통해 산록으로 분출하여 작은 화산을 만든다고 보았기 때문입니다(권혁재, 1999). 그러나 최근 연구 결과 순상화산과 성층 화산의 사면 분화와 관계없이 현무암질 화산 지대에서 독립적인 화산이 만들어질 수 있으므로, 각각 단일 화산활동에 의해 만들어진 화산이자, 단일 마그마로 발달한 것으로 보아서 '단성화산'이라고 부릅니다(고기원 외 4인, 2013, 한국지질자원연구원 · 제주발전연구원, 2019).

▲ 용눈이 오름 남쪽의 오름 전경

▲ 영실기암에서 본 한라산 서사면상의 오름 전경

제주도 지형과 용암: 파호이호이 용암과 아아 용암

제주도를 답사하다보면 지역에 따라 지형 경관이 다른 것을 자주 봅니다. 제주도 서쪽과 동쪽은 육지의 평야처럼 상당히 평탄합니다. 반면 남쪽의 서귀포 시내와 북쪽의 제주 시내는 지형 기복이 꽤 큽니다. 운전을 하면 이런 차이를 많이 느낍니다. 해안 지형도 차이가 큽니다. 어떤 해안은 상당히 평탄합니다. 반면 어떤 해안은 걷기 힘들 정도로 거칠고 굴곡도 심합니다. 형제인데 외모와 성격이 다르듯이 같은 용암으로 만들어진 지형인데도 차이가 많습니다.

사람의 외모와 성격이 다른 것은 유전자 때문입니다. 사람처럼 땅도 유전자에 따라 형태와 성격이 다릅니다. 땅의 유전자는 지질입니다. 어떤 지질이냐에 따라 그 위에 발달하는 땅의 형태, 즉 지형은 달라집니다.

제주도의 지형을 만든 것은 용암 '들'입니다. '들'이라는 복수를 쓴 것은 용암도 성격이 다르기 때문입니다. 용암은 그 속에 포함된 이산화규소(SiO_2)의 함량에 따라 색상, 점성, 유동성, 분출 형태, 화산체 등이 달라집니다. 또한 같은 속성의 용암이라도 화구에서 분출 할 당시의 온도, 점성, 유속, 지표면 경사 등에 의해 용암 지형의 표면 특성이 달라집니다(한국지질연구원, 제주발전연구원, 2019). 이 때문에 용암의 성격을 알면 지형이 지금 같은 모습으로 발달한 이유를 알 수 있습니다. 이는 성장 환경을 통해 사람을 이해하는 것과 같습니다.

용암의 지표면 경관을 결정하는 것은 두 종류의 용암입니다. 하나는 파호이호이(Pahoehoe) 용암이고, 다른 하나는 아아(Aa)용암입니다. 이들은 하와이 원주민들이 사용하던 하와이어로 Dana(1849)에 의해 과학 서적에 소개된 이후 오늘날과 같이 현무암질 용암의 표면 특징을 기재하는 보편적 용어가 되었습니다(안웅산 외 4인, 2015).

파호이호이 용암은 아아 용암보다 적은 양의 용암이 조용하고 일정한 속도로 분출합니다. 용암 표면은 유리질 같이 반짝이고 매끄럽습니다. 반면 아아 용암은 많은 양의 용암이 격렬하게 분출할 때 만들어집니다. 용암 표면은 걷기가 힘들 정도로 거칠게 부서진 각진 암괴 형태('클링커'라 부릅니다)로 되어있습니다. 이런 차이로 파호이호이 용암이 평탄한 지형을 발달시킨다면 아아 용암은 울퉁불퉁한 지형을 만듭니다.

파호이호이 용암은 다양한 지형을 만듭니다. 용암 동굴은 파호이호이 용암 지역에서 잘 발달합니다. 그리고 흐르든 용암이 어떤 요인으로 특정 지점에서 이동 속도가 늦어지면 그 지점에서 용암 표면은 위로 팽창합니다. 이동이 지체되면서 위로 밀리기 때문입니다. 이로 인해 용암 표면은 빵처럼 부풀고, 빵 껍질처럼 갈라집니다. 이런 지형을 '튜물러스'라 부릅니다. 이뿐만 아니라 파호이호이 용암이 움푹 파인 곳에 흘러 들어간 후, 약간의 충격으로 출렁거리면 용암 표면이 커다란 판조각으로 갈라지기도 합니다. 이들이 굳으면 넓은 평지를 만듭니다. 제주도에서는 이를 '빌레'라 부릅니다(한국지질연구원, 제주발전연구원, 2019).

▲ 한림항 서쪽의 파호이호이 용암의 해변

▲ 한림항 서쪽 해안의 튜물러스

▲ 구엄 포구의 소금 빌레

한림 항구의 서쪽 해변에 튜물러스를 볼 수 있습니다. 당연히 이 해변은 아주 평탄합니다. 김녕리에는 만장굴과 김녕사굴이 있습니다. 그리고 이호테우 해변에서 곽지해수욕장으로 가는 중간에 구엄 포구가 있습니다. 이곳은 제주도 전통 소금을 생산했던 곳입니다. 포구 주변에는 과거 소금을 생산했던 '빌레'라고 부르는 바둑판처럼 생긴 평탄한 암반이 있습니다. 이들 세 지역의 지형 특징으로 보건데 이 곳은 모두 파호이호이 용암 지역입니다. 반면 용두암 지역과 선인장 마을로 유명한 월령리 해안은 거친 형태의 용암들이 기괴한 모양으로 쌓여 있습니다. 여기는 아아 용암 지역들입니다.

▲ 아아 용암에 의해 발달한 용두암 전경

▲ 월령리 해안의 아아 용암 지형

파호이호이 용암과 아아 용암에 따른 지형 경관의 차이는 해안 배후의 보다 넓은 지역에도 나타납니다. 제주도의 남서쪽 말단인 송악산 서쪽 1.5km 부근에는 일제시대 일본 공군들이 사용했던 알뜨르 비행장이 있습니다. 중일전쟁 때 일본 전투기가 이곳에서 이륙하여 중국 상하이 등을 공습했습니다. 1933년 처음 건설 했을 때는 6만 평이었는데, 중일 전쟁으로 확장하였고, 태평양 전쟁 때는 80만 평으로 확장되었습니다(조성윤, 2012). 이 정도의 넓이로 비행장을 건설할 만큼 평탄한 곳이 제주도 서부 지역입니다. 서부뿐만 아니라 제주도 동부의 해안 지역도 아주 평탄합니다. 이들 지역은 지형 특성으로 볼 때 파호이호이 용암으로 이루어진 것 같습니다.

반면 제주도의 북쪽에 위치한 제주시 지역에는 계단처럼 언덕이 곳곳에 나타납니다. 특히 제주 시내를 남북으로 관통하는 중앙로를 따라 해안에서 한라산 쪽으로 올라가면 지형 경사 변환부를 쉽게 볼 수 있습니다. 남문네거리에서 제주시 장애인지역통합돌봄센터 사이 1.6km 구간에만 지형 경사 변환부가 세 곳이나 있습니다. 도로 건설로 경사를 완만하게 하지 않았다면 지금보다 훨씬 가파른 경사였을 것입니다. 이 같은 특징으로 볼 때 여기는 아아 용암 지역으로 보입니다.

용암의 특성을 이해하면 제주도 지형과 제주 사람들의 삶의 터전과 그와 관련된 삶의 형식을 해석할 수 있습니다. 맞고 틀리고를 떠나 증거에 토대하여 해석하는 즐거움을 느낄 때, 비로소 탐구력과 문제해결력, 그리고 창의력이 늘어납니다.

▲ 알뜨르 비행장 활주로(A)

▲ 알뜨르 비행장 주변의 격납고 잔재

▲ 제주시 장애인지역사회통합돌봄센터 앞의 지형 경사 변환부

▲ 남문네거리 북쪽 제주시 칼호텔 부근의 지형 경사 변환부

주상절리

제주도는 우리나라뿐만 아니라 세계적으로 유명한 관광지입니다. 일 년에 1,400여 만 명이라는 엄청난 수의 관광객이 옵니다. 이들이 가장 많이 가는 곳은 짐작들 하시겠지만 제주 1경인 성산일출봉입니다. 두 번째로 많은 곳은 천지연 폭포입니다. 세 번째로 많은 관광객이 가는 곳은 어디이겠습니까? 한라산, 산방산, 사려니 숲길... 놀랍게도 '중문대포해안주상절리대'입니다(2018년 기준 제주관광 동향에 관한 연차 보고서)[1]. 통계 자료를 확인하기 전까지는 이렇게 많은 관광객이 올 것이라고는 상상도 못했습니다. 믿기질 않아서 몇 번을 확인했습니다. 생각지도 못했지만 관광객 수치만으로 보면 외지 사람들에게 주상절리는 제주도 화산지형을 대표하는 것 같습니다.

제주도를 대표하는 관광지인 대포주상절리의 안내판에는 '주상절리대는 25만 년에서 14만 년 전에 녹하지악에서 흘러내린 용암이 식으면서 형성된 것이다'라고 되어 있습니다. 녹하지악 분화구는 대포해안에서 북쪽으로 7.5km 떨어진 레이크힐스 골프장의 '녹하지악' 오름에 있습니다.

1) 2017년에는 중문대포주상절리대가 제주도 관광객 입장수에서 2위를 차지하였다.

▲ A:녹하지악 오름, B: 대포주상절리대

녹하지악 오름에서 흘러내린 1200℃에 가까운 용암은 지표면을 따라 약 7.5km로 흘러가면서 식어가다가 바닷물과 만나면서 급격하게 식었습니다. 용암이 냉각되면 가뭄으로 논바닥이 수축되어 갈라지는 현상과 비슷한 모습이 나타납니다.

▲ 가뭄에 갈라진 논바닥 모습
(출처: https://news.v.daum.net/v/20160319121006859)

▲ 대구 앞산 고산골의 건열 모습
(출처: https://blog.naver.com/anse2001/221244076734)

가뭄으로 논바닥의 수분이 증발하면 표면이 수축되면서 부피는 감소합니다. 이 때 수축은 각각의 수축점들을 향해 이루어지기 때문에 논바닥은 거북이등 껍질처럼 갈라집니다. 갈라진 틈 사이로 모래와 같은 이물질이 들어간 후 오랜 세월 지나면서 암석화 되기도 합니다. 이런 지형을 '건열'이라 부릅니다. 건열은 그것이 있는 지역이 과거에는 수심이 얕은 지역이었다는 것을 의미합니다.

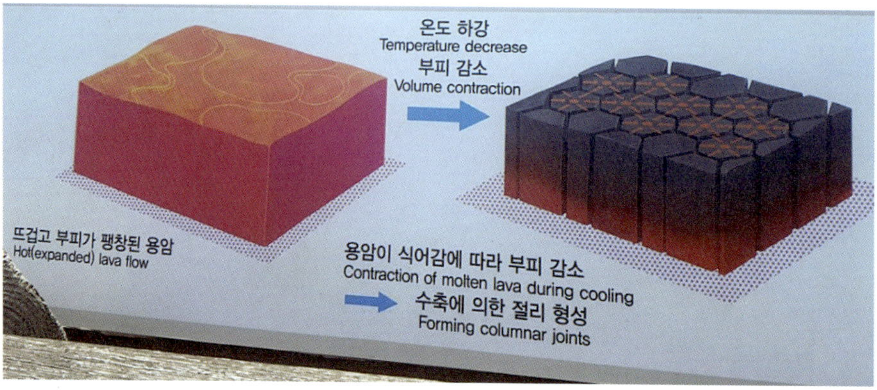

▲ 주상절리의 형성 과정(출처:대포주상절리 안내판)

용암이 식어 굳을 때도 이와 비슷한 현상이 일어납니다. 식는 과정에 대개 중앙부에 있는 각각의 수축점을 중심으로 서로 다른 방향으로 수축되면서 육각형의 기둥 모습으로 변합니다. 이 때문에 주상절리를 위에서 보면 표면 모습은 논바닥이 갈라졌을 때와 유사합니다. 표면에서부터 냉각 수축되어 용암 내부로 이어지면서 기둥 모양이 만들어집니다. 그리고 수축의 중심점들이 균등하게 분포할 경우 육각형의 주상 절리들도 규칙적으로 발달합니다. 잘 발달한 주상절리는 마치 그리스 신전의 기둥 같습니다.

주상절리는 바닷가에 유독 많고, 내륙에 비해서 형태도 전형적입니다. 이는 용암은 바닷물을 만나면 빠른 속도로 식고, 그로 인한 수축도 빠르게 일어난다는 것을 의미합니다. 용암의 냉각속도가 주상절리 발달에 미치는 영향은 대포주상절리의 상층부에 주상절리가 발달하지 않은 것에서도 알 수 있습니다. 주상정리 상부에는 용암이 두껍게 덮여 있고, 높이는 해수면보다 상당히 높습니다. 이로 인해 냉각 속도는 바다와 직접 접촉하는 하부 쪽보다 느릴 수밖에 없습니다. 이것이 상층부에 주상절리가 발달하지 않은 이유입니다(한국지질자원연구원, 제주발전연구원, 2019).

▲ 위에서 본 주상절리의 표면 모습
(출처: https://blog.naver.com/haveamiceday/120125130677)

▲ 대포주상절리 전경

중문대포주상절리는 ICC 제주국제컨벤션센터 남동쪽 350여 m 지점에 가장 전형적인 형태로 발달해 있습니다. 전망대도 여기에 있습니다. 이곳과 더불어 또 하나의 특별한 주상절리가 있습니다. 중문주상절리대에서 서쪽으로 3km 정도 떨어진 서귀포시 여래동 오폐수처리장 동쪽 해식애상에 있는 주상절리가 그것입니다. '갯깍주상절리'로 알려진 이곳은 해변 뒤에 있어 가까이서 주상절리를 관찰하는데 가장 좋은 장소입니다. 또한 이곳에는 파랑의 침식으로 발달한 해식동굴이 있습니다. '다람쥐 굴'이라 불리는 이곳을 통해 주상절리 내부 특징까지 상세히 볼 수 있습니다.

▲ 갯깍 주상절리 1

▲ 갯깍 주상절리 2

Ⅲ

제주의 역사 여행

사진: 제주목 관아

1

삼성혈과 제주 읍성

사진: 관덕정

삼성혈과 건국신화

지금은 흔치 않지만 우리 같은 베이비붐 세대들은 어릴 때, '누구의 몇 대 손이냐'라는 질문을 자주 받았습니다. 처음 보거나 행실이 좋거나 나쁠 때 어른들이 어떤 집안 자손인지 살피는 질문입니다. 그래서 욕먹지 말라는 뜻으로 아버지와 할아버지는 조상에 대해 자주 이야기하였습니다.

가문을 내세우는 전통이 유독 강한 나라여서 그런지 집안마다 걸출한 중시조 한명 정도는 있습니다. 중시조를 통해 가문에 대한 자부심을 가지고, 가문을 욕보이지 않게 행동거지를 조심하라는 교육을 받습니다. 할아버지와 아버지로부터 역사책에서는 볼 수 없을 정도의 중시조 업적을 듣습니다. 대부분의 중시조는 어릴 때부터 남달랐고, 평생을 올바른 일만 하신 분들입니다. 역경을 엄청난 의지로 이겨내신 분들이 많습니다. 나쁜 일조차도 주로 모함의 결과로 이야기합니다. 이런 교육을 통해 가문의 우수성을 가르치고, 그것을 통해 '가문'이라는 공동체에 대한 일체 의식을 갖고, 그 곳을 위해 헌신하고, 가문을 빛내기 위해 열심히 공부하라고 가르칩니다.

개개의 가문이 이러한데 나라는 어떻겠습니까? 건국신화에 나오는 시조들의 수준은 개별 가문의 시조나 중시조와는 비교가 되지 않습니다. 그들은 대부분 신의 반열에 있습니다. 인간이 아닙니다. 신 정도는 되어야 말발을 세울 수 있습니다.

건국신화는 국가 설립을 초월적 권위에 기대어 정당화하려는 것입니다. 이 때문에 건국신화는 시조의 인물의 수준을 얘기하는 단순한 내용이 아니라 특정 이념을 드러내고 그것을 집단 내부에 강제하는 이데올로기의 하나라고 할 수 있습니다. 건국신화가 만드는 고대국가들은 대개 강력한 힘을 가진 특정 부족에 의해 다수의 부족이 통합되면서 설립됩니다. 이 때 각 부족은 자신들의 종족적 기원을 이야기하는 시조 신화를 가지고 있는데, 국가 건립의 주도 세력이 된 부족의 시조 신화를 중심으로 다른 시조 신화들이 통합되면서 건국신화로 재구성됩니다(네이버 지식백과, 건국신화(한국민속문화사전)).

▲ 삼성혈 전경

탐라국의 건국신화도 이런 관점에서 볼 필요가 있을 것 같습니다. 어떤 근거로 건국신화의 시작 시기를 정했는지는 모르겠지만 지금부터 4,300여 년 전입니다. 고조선 시기쯤 되는 것 같습니다. 이로 볼 때 상당히 오래 전부터 제주도에 공동체적 씨족 사회가 있었던 것 같습니다. 건국 신화가 만들어질 당시 제주도를 지배한 씨족은 고씨, 양씨, 부씨였던 것 같습니다. 이들은 자신들의 지배력을 정당화하고, 공고히 하기 위해 자신들의 선조를 신격화하였습니다. 이들은 건국신화를 통해 '우리 선조는 인간에게서 태어난 것이 아니라 땅에서 솟아난 신이다. 신과 같이 신령하고, 숭고한 인간이다. 이런 신인의 후손인 우리 고, 양, 부씨 역시 성스러운 존재이다'라는 것을 강조하고 있습니다.

세 신인이 협력했다는 이야기는 공동체 사회를 이끄는데 세 씨족의 협력이 중요했다는 것과 어느 한 세력이 특별히 강하지는 않았다는 것을 의미하는 것 같습니다. 말하자면 '우리의 시조들은 늘 같이 다니고, 같이 일하고, 결혼도 같은 시기에, 같은 장소에서 한 것을 보면 아주 협력적이었다. 그러니 우리도 그렇게 해야 되지 않겠나'라는 메시지를 담고 있는 것 같습니다. 아마도 세 씨족은 다른 씨족들에 대해서는 긴밀히 협력을 하고, 그들 간에는 경쟁했는지 모릅니다.

▲ 삼성혈 전경(사진 왼쪽 끝의 녹나무 수령은 350년 정도이다)

이 같은 의미의 건국 신화를 위해 삼성혈을 출발지로 만들었는지 모릅니다. 지나친 상상인지 모르겠지만 선조들의 탄생 신화와 협력적인 태도의 기원을 만들기 위해서는 세 시조가 같은 장소에서 특별하게 탄생했다는 것을 얘기할 필요가 있었을 것입니다. 이런 필요성에 의해 삼성혈을 찾고, 이곳을 신성시했는지 모릅니다.

삼성혈과 건국신화의 관계에 대한 또 다른 상상의 토대는 화산섬인 제주도만의 독특한 지형 · 지질적 특징입니다. 토양이 척박하고, 물이 없는 곳이 제주도입니다. 농사를 짓는 핵심 토대는 물과 토양입니다. 이들 중 토양은 항시 그 자리에 그대로 있지만, 물은 계절에 따라, 지역에 따라 달리지고, 사람의 생명을 좌우하기도 합니다. 따라서 토양과 물, 특히 물을 얼마나 잘 관리하느냐는 적어도 고대 제주도에서 지배자의 능력을 판단하는 중요한 기준이 되었을 수도 있습니다.

삼성혈은 지형적으로 보면 숨골[2] 직전의 지형처럼 보입니다. 세 개 구멍이 점차 커져 합쳐지고, 함몰하면 숨골처럼 될 것입니다. 이런 지형적 특성으로 이곳은 비가 많이 와도 물이 쉽게 지하로 투수됩니다. 겨울에는 눈도 쌓이지 않는다고 합니다. 이 때문에 이곳은 다른 지역과 차별화되면서 마치 눈과 비를 지배하고 관리하는 곳처럼 보입니다. 이런 특징을 갖는 지역의 세 구멍에서 탄생한 분이니 이미 신인이고, 이들은 물을 지배, 관리하는 능력을 가진 것으로 이야기하기도 좋을 것 같습니다. 이런 이유로 삼성혈이 건국신화의 장소가 된 것은 아니었는지 상상해 봅니다.

▲ 삼성혈 전경(출처: 하늘에서 본 한국의 유산(https://blog.naver.com/cieng1/221003763657))

2) 용암판들 사이에 있던 '클링커'라 불리는 깨어진 용암 덩어리들이 제거되고, 용암 암괴가 절리를 따라 붕괴되어 만들어진 직경 50cm 내외의 조그마한 용암 동굴(한국지질자원연구원, 제주발전연구원, 2019).

탐라국의 건국신화를 가진 이곳을 신성시하기 시작한 것은 조선 중종 21년(1526) 제주 목사로 선정을 베푼 이수동에 의해서입니다. 그는 삼성혈 주변에 돌담을 쌓아 삼성단을 보호하고 작은 비석과 홍문을 건립했으며 고, 양, 부의 세 성씨들로 하여금 봄, 가을에 제사를 지내게 했습니다. 이는 제주도 사람들에게 성리학적 삶의 태도를 강화하고, 확산하기 위한 상징적 조치였을 수도 있습니다. 어쨌든 이후 역대 목사들에 의해 삼성전, 삼성문, 전사청, 숭보당 등의 건물이 들어섰고, 외장을 축조하고, 소나무를 증식하는 등 성역화 사업이 꾸준히 이루어졌습니다. 현재도 춘(4월 10일), 추(10월 10일) 및 겨울(12월 10일)에 제향을 지내고 있습니다. 제사장은 도지사가 맡고 있습니다. 이것은 삼성혈에서의 제향을 그만큼 중요시 여긴다는 뜻입니다.

▲ 탐라국을 건국한 세 신인을 모신 삼성전

제주의 중심지였던 제주목 관아

▲ 제주목 관아 전경

제주항 부근인 제주시 삼도 2동에는 조선시대 제주목을 관리했던 관아가 있습니다. 안내문을 보면 '이곳은 탐라국[3] 시대부터 성주청이 있었던 곳으로 추정된다'라고 되어 있습니다. 성주청에서 성주는 탐라국의 왕을 지칭하는 용어입니다. '성주'라는 명칭은 원래부터 있었던 것은 아닙니다. 신라가 내려 준 것입니다. 기록에 의하면 신라 전성기에 탐라국의 세 시조 중 한 명인 고을라의 15대손

3) 탐라국은 고려 숙종 10년(1105년) 제주가 고려의 한 영토를 의미하는 탐라군으로 개칭되었고, 고려의 관리가 직접 통치하기에 이릅니다(제주특별자치도, 2019). 고려의 행정체제 속으로 편제된 이후에도 성주와 왕자의 지위는 유지되었습니다. 조선 초까지 성주, 왕자의 지위가 세습되어오다가 조선 태종 2년(1402년)에 성주를 좌도지관, 왕자를 우도지관으로 개칭하면서부터 이전과 같은 대우는 없어졌습니다.

고후(高厚), 고청(高淸), 고계(高季) 세 형제가 바다를 건너 신라에 와서 조공을 하자 신라의 왕이 이들을 가상히 여겨 맏아들에게는 성주, 둘째에게는 왕자, 막내에게는 도내의 작위를 주었다는 것에서 유래합니다(네이버 지식 백과; 한국민족문화대백과). 그러니 제주목 관아가 있는 지역은 탐라국왕의 집무실(성주청)이 있었던 곳입니다.

▲ 제주목 관아(검은 원) 주변

▲ 탐라, 고려, 조선 시대 주요 유적지 분포(출처. 국립제주박물관 2001, 제주의 역사와 문화. 원안이 제주목 주변임)

이뿐만 아니라 관아의 안내문과 네이버 및 다음 백과사전에 따르면 제주목의 관아 위치는 탐라국 시대에서 통일신라, 고려를 거쳐 조선시대까지 이어진 것으로 되어 있습니다. 이렇게 보면 이곳은 최소 삼국시대부터 조선시대까지 제주의 정치, 행정, 군사의 중심지였습니다. 이는 탐라, 고려, 조선 시대에 걸친 주요 유적지 분포에서도 확인할 수 있습니다. 분포도에서 보듯이 제주목 관아 주변 지역(용담동, 일도동, 이도동, 삼도동 등)에는 탐라, 고려, 조선 시대 유적이 밀집해 있습니다.

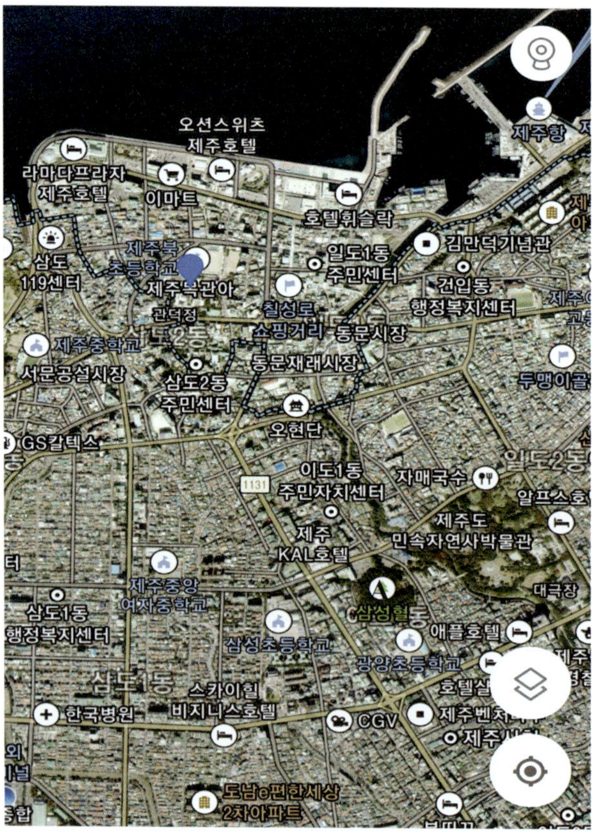

▲ 제주목 관아 위치와 삼성혈(A)

탐라에서 조선 시대뿐만 아니라 1970년대 초반, 제주를 본격적인 국제관광도시로 개발하기 위해 제주시 서쪽에 신시가지를 개발하기 이전까지 제주목 관아 주변은 제주의 중심지였습니다. 이렇게 보면 탐라국 시대부터 1970년대까지 천 수백 년이라는 장구한 시간 동안 제주의 중심지는 제주목 관아 주변이었습니다. 이는 육지에서는 보기 힘든 사례입니다. 육지에서는 삼국, 통일신라, 고려, 조선을 거치면서 수도가 바뀌었습니다. 당연히 중심지도 바뀌었습니다. 근대에서 현대까지 100여 년 동안에도 많은 도시들이 성장과 쇠퇴를 거듭하였고, 도시 내에서도 중심지가 변했습니다. 그런데 제주는 천수백 년 동안 한 지역이 중심지로서 기능을 유지하였습니다. 이런 놀라운 일에 하나를 덧붙이면 제주 탄생 설화가 있는 삼성혈도 제주목에서 남쪽으로 1.2km 지점에 있다는 사실입니다. 이 때문에 만약 4,300여 년 전 고, 양, 부씨의 시조인 삼신이 제주의 일도, 이동, 삼도[4]를 다스린 시기까지 더한다면 무려 4천 여 년 동안 제주목의 관아 주변 지역이 제주의 중심지 역할을 한 것이 됩니다. 이를 우리나라 단군신화에 비유하면 천제의 아들인 환웅이 태백산 신단수 아래 내려와 신시라 정한 후 웅녀와 결혼해 단군을 낳고, 단군이 통치한 이래 현재까지 그 곳이 우리나라의 중심지인 것과 같습니다.

이런 놀라운 일이 어떻게 가능하였는지 생각해 보았습니다. 제주도 면적은 1,845.88km^{2}로서 605.02km^{2}인 서울의 3배입니다. 반면 신시가지 개발이 시작된 1970년을 기준으로 보면 당시 제주 인구는 약 36만 명이고, 서울은 540여만 명이었습니다. 인구수로 보면 서울 인구는 제주의 15배 입니다. 면적은 제주도의 1/3밖에 되지 않는 서울에 제주의 15배 정도의 인구가 살고 있으니 얼마나 복잡하겠습니까. 인구 밀도 차이는 더 끔찍합니다. 1970년으로 보면 제주의 인구 밀도는 1km^{2}에 195명 정도인데, 서울은 8,925명입니다. 이 차이는 비유하면 '제주'라는 아파트에 1명이 산다면, 같은 평수의 '서울'이라는 아파트에는 46명이 사는 것과 같습니다. 콩나물시루 같은 곳에 사니 불만도 많고, 요구도

4) 일도, 이도, 삼도는 오늘날 제주의 일도동, 이도동, 삼도동과 관련된다.

많고, 남들 보기에 민망스러운 것도 한두 가지가 아니었을 것입니다. 또한 서울은 수도로서 세계 곳곳과 긴밀히 연결되어 있습니다. 새로운 정보가 물밀듯이 들어옵니다. 새로운 정보는 사람들로 하여금 새로운 것에 빨리 눈뜨게 합니다. 변화에 대한 요구와 필요가 그렇지 않는 지역과 비교할 수 없을 정도로 빠르고, 강한 곳이 서울입니다. 인구도 급격히 증가하니 변화와 발전은 지속적으로 일어났습니다. 변화하지 않으면 안 될 만큼 절박했기 때문입니다.

제주는 본격적인 국제관광도시로 개발하기 이전까지는 중심지를 변화시킬 필요성이 크지 않았던 것 같습니다. 적어도 인구수와 면적으로만 보면 넓은 땅에 살았고, 주변과의 교류도 상대적으로 적었고, 인구의 급격한 증가도 없었고[5], 새로운 산업과 문화의 대규모적이고, 급격한 수용도 없었기 때문입니다. 탐라에서 조선까지 정치, 행정, 군사의 중심지를 바꿀만한 절박한 계기가 없었던 것입니다. 이와 더불어 제주목 주변은 제주의 다른 지역보다 여러 측면에서 장점이 많았습니다.

제주목 주변 지역이 오랫동안 중심지를 유지할 수 있었던 장점 중 첫째는 풍부한 용수입니다. 제주목 관아 주변은 용천이 많을 뿐만 아니라 용천수도 풍부합니다. 이곳에는 제주에서 보기 드물게 사시사철 물이 흐르는 산지천이 있습니다. 이는 주변에 용천이 많기 때문에 나타나는 현상입니다. 하여서 이곳은 주거지 입지에 가장 중요한 물의 확보가 아주 좋습니다.

5) '여몽연합군에 의해 삼별초가 격퇴된 이후인 1273년 12월, 제주민들 10,223명에게도 모두 식량을 공급하였다'라는 기록(윤용혁, 2004, 271), 조선시대 호구총서에 1789년 제주 총인구는 63,316명이라는 기록(국립제주박물관, 2017, 191), 통계청 조사에 의한 1970년 제주 인구가 358,085명인 것으로 볼 때, 13세기 말에서 18세기 말까지 500여 년 동안 제주 인구는 겨우 6배, 그리고 그 이후 200년 동안 또 6배 정도 증가하였다. 반면 서울은 1949년 140여만 명이든 인구가 1990년에 1,000만 명이 되었다. 40년 만에 7배 증가하였다.

▲ 산지천 하류 경관

둘째, 사시사철 물이 흐르는 산지천 하구에는 제주 해상 교통의 중심지인 산지항이 있었습니다. 삼국시대부터 백제, 신라와 교류하였습니다. 이는 제주와 본토 간의 교류가 오래전부터 꾸준히 있었다는 것을 의미합니다. 제주목 관아가 탐라국 시대에 성주청이 있었다면 한반도의 본토로 이동하는 항구도 이 부근에 있었을 가능성이 높습니다. 그곳이 산지항일 가능성이 높습니다. 이는 산지항에서 오수전, 대천오십, 화포, 청동거울, 칼 꾸미개 등이 출토되었고, 그것은 이곳이 기원전후로 삼국뿐만 아니라 중국, 왜 등과 활발하게 교류했던 장소라는 것을 의미하기 때문입니다(국립제주박물관, 2017).

▲ 1800년대말 산지천 하구에 있었던 산지항 전경. 사진 위쪽의 긴 장벽처럼 보이는 것이 제주 읍성의 북쪽 성벽으로 추정된다(출처: 제주목 관아 역사관)

셋째, 앞의 조건들과 더불어 '방어'의 측면에서도 좋은 점수를 받을 수 있습니다. 제주목 관아가 있는 제주시 지역은 아아 용암지역입니다. 이 용암은 점성이 강해 멀리 흐르지 않습니다. 그래서 기복(지형의 높은 곳과 낮은 곳의 고도차)이 큰 지형을 만듭니다. 제주항이나 공항에서 한라산 쪽으로 가면 언덕 같은 지형이 많이 나오는 것도 이 지역이 아아 용암지역이기 때문입니다. 언덕은 고도가 높아 조망이 용이하고 방어에도 유리 합니다. 또한 언덕의 전면 혹은 측면에는 지층이 노출되어 용천이 발달할 가능성이 높습니다. 이와 달리 제주도의 서쪽과 동쪽은 점성이 적어 멀리까지 흘러서 넓고 평탄한 지형을 만드는 파호이호이 용암지역입니다. 용천의 발달과 방어의 측면에서 보면 제주시가 있는 제주도의 북쪽이 동쪽과 서쪽보다 좋습니다.

제주목 관아 주변은 이런 조건들이 어느 하나 빠지지 않고 어우러져서 일찍부터 사람들이 모여들고, 인구가 증가하면서 오랫동안 제주의 중심지 역할을 한 것으로 보입니다.

제주목 관아의 파괴와 복원

순종 때 우리나라 읍성들이 철거되기 시작합니다. 일본통감부의 강압에 의해 성벽처리위원회가 조직되었으며 일본인이 그 책임을 맡아 조직적으로 읍성을 철거하기 시작하였습니다. 도시 계획이라는 미명아래 의도적으로 헐렸습니다(허경진, 2001). 나라가 망하기도 전에 무장 해제를 당했던 것입니다. 제주 읍성도 이 무렵부터 철거되기 시작했습니다. 읍성을 철거할 때 나온 성벽 돌들은 제주항 건설을 위해 바다를 매립하는데 사용되었습니다.

대구에도 읍성이 있었습니다만 도시 개발에 장애가 되고, 붕괴의 위험이 있다는 핑계로 조정의 반대에도 불구하고 뼈 속까지 친일인 박중양 대구 군수에 의해 1906년에 철거되었습니다. 이 때 나온 성벽 돌들은 일본인들이 개발을 기대하고 대거 매입한 대구역 주변의 낮은 지대를 메우는데 사용되었다고 합니다(송언근 외 8인, 2002). 당시의 도시 개발은 전통의 파괴를 가져왔고, 그로 인한 이익은 일본인들이 가져갔습니다.

▲ 복원한 제주목 관아 전경

▲ 제주목 관아 건물을 철거한 곳에 세운 일본식 관청 건물들(출처: 제주목 관아 역사관)

제주 읍성과 더불어 제주목의 관아 건물들도 철거되었습니다. 관덕정만 제외하고 모든 관아 건물이 사라졌습니다. 이것은 단순히 건물이 사라진 것이 아니라 조선의 문화가 사라진 것이었습니다. 건축물에 담긴 우리의 전통이 사라졌기 때문입니다.

건축물은 건물들의 집합체입니다. 건물이 모인 건축물은 당시대의 철학과 이데올로기를 담고 있습니다. 사랑채와 안채가 구분되고, 대문에서 안채가 보이지 않게 헛담을 쌓은 것은 유교적 전통에 따른 우리나라의 건축 양식입니다. 조선의 정신이 깃든 건축물을 일본식으로 바꾸겠다는 것은 조선의 철학, 이데올로기, 문화를 바꾸겠다는 것입니다. 이를 남겨진 관덕정의 변화에서 볼 수 있습니다. 일본이 보수하기 전의 관덕정과 보수 후의 그것은 많이 다릅니다.

우리나라 건물 구조의 특징 중 하나는 '여백'입니다. 우리는 전통 가옥 대청마루의 비어있음에서, 또는 서원 강당의 비어있음에서 여백의 미를 봅니다. 반면 방은 닫혀있습니다. 열림과 닫힘, 비어있음과 채움이 조화를 이루는 것이 우리나라 전통 건물의 특징입니다. 그런데 일본은 관덕정을 보수하면서 비어있는 기둥 사이에 문을 달아 방을 만들었습니다. 개방적 공간이 폐쇄적 공간으로 변했습니다. 이로 인해 건물의 비어있음이 주는 여유로움, 그 곳으로 끌어드리는 외부 경관, 집안에서 외부와 만나는 조화가 사라졌습니다. 무엇보다 그 속에서 만들어지든 정신세계가 사라졌습니다.

▲ 일본이 보수하기인 전인 1900년대 관덕정 모습. 처마가 아주 길다(출처: 제주목 관아 역사관)

▲ 일본이 보수한 원형이 변형된 1930년대 관덕정 모습(출처: 제주목 관아 역사관)

건물 구조의 변화는 단순한 변화가 아닙니다. 문화와 정신을 바꾸는 것입니다. 모든 건물을 일본식으로 바꿀 수 없으니 관아 건물들을 바꾼 것입니다. 이는 문화의 변화를 통해 결국 사람을 바꾸겠다는 것입니다.

우리의 건물이 사라진 곳에 일본은 자신들의 양식으로 만든 도청, 경찰서 등 식민 통치기관과 우체국, 금융시설, 일본인 상점 등을 건립하였습니다. 이들을 통해 일본식 시스템도 들여왔습니다. 사회는 점차 일본식 시스템으로 돌아가게 되었습니다.

제주목 관아의 파괴에서 보듯이 지역에서 상징성이 가장 큰 관청 건물에서부터 우리의 전통이 사라지기 시작했습니다. 그래서 제주 관아의 복원은 단순히 건물을 복원한 것이 아니라 우리의 문화와 정신을 복원한 것입니다. 제주목의 관아 복원은 1999년 9월에 시작하여 2002년 12월에 완성했습니다.

▲ 제주목 관아 앞의 오늘날 관덕정 모습

제주 읍성 답사하기

1980년대 말과 90년대 초만 하여도 위성사진을 구하는 비용은 엄청났습니다. 선배 중 한 분이 위성사진 분석으로 박사 논문을 썼는데 정확한 기억인지 모르겠지만 해상도가 높은 위성사진은 백만 원이 넘는다고 했던 것 같습니다. 당시에는 대부분 사람들이 위성사진을 잘 몰랐고, 안다하여도 비용이 너무 비싸서 구입할 수 없었습니다. 이랬던 위성사진을 누구나 볼 수 있게 되었습니다. 구글, 다음, 네이버 지도에 들어가면 손쉽게 위성사진을 볼 수 있습니다. 약 30년 전 위성사진 가격을 아는 저는 격세지감을 느낍니다.

▲ 제주 읍성의 남쪽 성곽 전경

지리학자에게 지도는 요리사의 칼과 재료와 같습니다. 이런 의미의 위성사진이 손안에 들어오니 언제, 어디서든 지역 분석이라는 요리가 가능해졌습니다.

줌인, 줌아웃을 통해 미시적으로, 거시적으로 볼 수 있으니 다양한 축적의 지도를 늘 들고 다니는 것과 같습니다. 그러니 어디에 있든 마치 하늘에서 내려다보듯이 살필 수 있습니다. 제주읍성의 흔적도 손 안의 위성사진을 통해 찾을 수 있습니다.

읍성이 있었던 곳은 대부분 구도심입니다. 읍성 주변은 일찍부터 많은 사람들이 살았습니다. 이로 인해 읍성 주변에는 좁은 골목도 많고, 골목 형태도 불규칙적입니다. 이것이 오히려 읍성의 위치를 찾는데 도움이 됩니다. 읍성 주변의 길은 읍성의 모습과 유사하게 발달하기 때문입니다. 이뿐만 아니라 도로명, 동네명도 읍성과 관련되어 있습니다. 대구의 경우, 읍성 성벽을 헐고 그 자리에 도로를 만들었습니다. 도로의 이름은 성벽의 위치에 따라 '동성로, 서성로, 북성로, 남성로'라 부릅니다. 성안에 있었던 지역은 '성내동'이라 합니다. 이런 특성으로 지명과 도로의 형태를 통해 읍성의 위치를 추적할 수 있습니다.

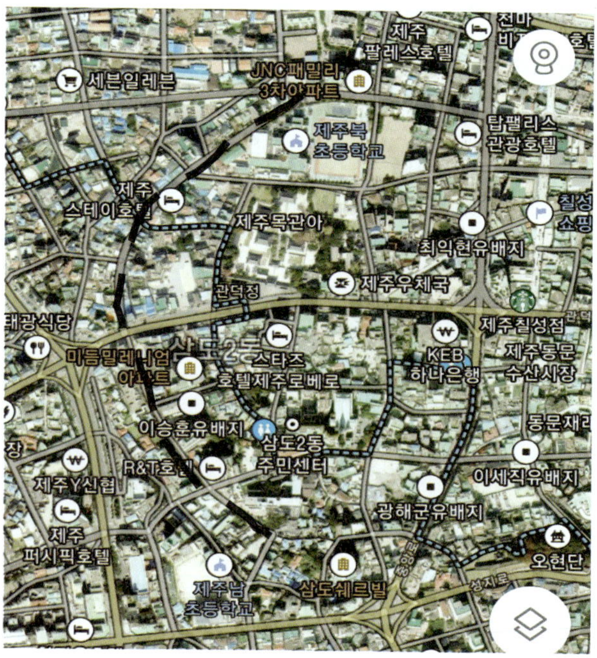

▲ 제주목 관아의 서쪽의 반원형 도로(점선) 형태.

위성사진에서 찾은 제주 읍성의 흔적 중 하나는 반원형을 띠는 제주목 관아 서쪽의 도로(관덕로 2길)입니다. 신도시의 도로는 대부분이 직선의 격자형인데 여기는 반원형입니다. 도로가 이런 형태로 발달할 때는 그럴 수밖에 없는 이유가 있었을 것입니다. 제주목 관아가 인근에 있고, 과거에 제주읍성이 있었다는 사실로 미루어 볼 때, 이 도로는 제주 읍성의 서쪽 성벽을 철거하고 만든 도로이거나 성벽을 따라 발달했던 도로를 확장했을 가능성이 높습니다.

서쪽에서의 읍성 흔적이 도로 형태라면 북쪽은 도로명과 서쪽 성벽과의 연결성입니다. 제주목 관아 북쪽의 제주북 초등학교와 천금반점 앞을 지나는 도로명은 북성로입니다. 이런 이름은 대개 읍성의 북쪽 성벽에 발달한 도로 이름인 경우가 많습니다. 그리고 북성로는 천금반점 동쪽의 일도 1동 주민센터 부근의 도로와 위치적으로, 형태적으로 연결됩니다. 이렇게 연결된 도로 형태는 제주 읍성의 서쪽 성벽과 위치적으로 연결됩니다. 이로 볼 때, 이 도로는 과거 제주 읍성의 북쪽 성벽이었을 가능성이 있습니다.

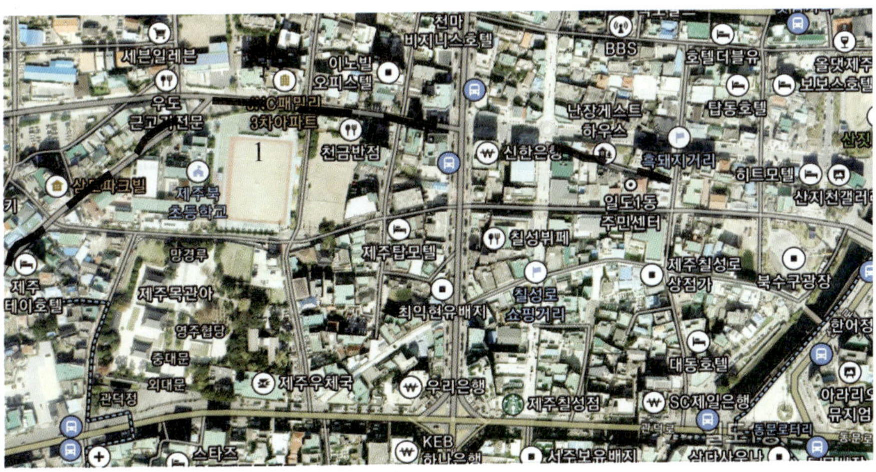

▲ 사진 왼쪽 위의 제주북초등(1)과 천금반점 앞 북성로 도로(점선) 모습

남쪽은 운 좋게도 읍성이 복원되어 있고, 제이각, 오현단, 귤림서원 등 여러 건물들이 있어 과거의 위치와 모습을 쉽게 확인할 수 있습니다.

동쪽에서도 도로 형태와 도로명을 통해 옛날 성곽 위치를 추적할 수 있습니다. 지도를 보면 동문하우스와 부산이용원 앞의 도로 형태가 반원형이고, 도로명은 동문로입니다. 형태와 이름으로 볼 때 이 부근에 제주 읍성의 동쪽 성곽이 있었던 것 같습니다.

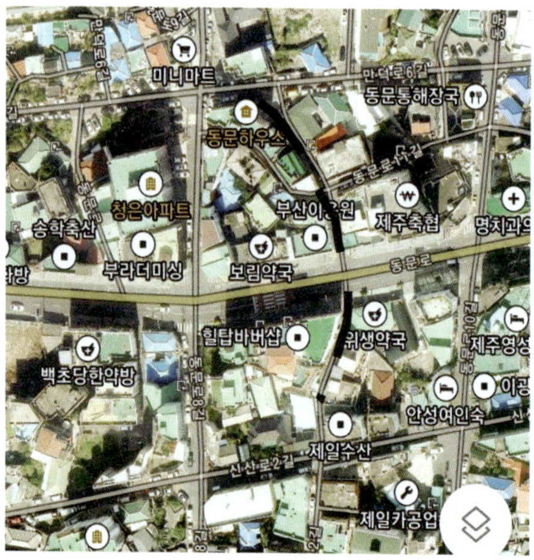

▲ 부산 이용원 앞 반원형의 동문로(점선) 모습

▲ 제주목 관아 역사 전시관에 있는 읍성 위치 추정도

도로와 지명뿐만 아니라 지형, 지물의 위치를 통해서도 읍성의 위치와 발달 특징을 찾을 수 있습니다. 제주 읍성 안에 하천이 있습니다. 동문시장으로 흐르는 산지천이 그것입니다.

▲ 동문시장 안의 산지천. A: 동문시장 공영주차장. 하천의 왼쪽(서쪽)이 제주읍성의 원래 동쪽 경계였다.

육지의 읍성에서 하천은 대부분 성 밖에서 해자 역할을 합니다. 그런데 제주 읍성 동쪽에서는 해자[6] 역할을 해야 할 산지천이 특이하게도 읍성 안에 있습니다. 이와 달리 읍성 서쪽의 병문천[7]은 해자 역할을 하고 있었습니다. 이상한 현상입니다. 아마도 원래부터 그렇게 하지는 않았을 것입니다. 자료를 찾아보니 아니나 다를까, 원래는 산지천이 제주읍성의 동쪽 밖에 있었습니다. 산지천도

6) 해자는 적의 침입을 막기 위해 성밖을 둘러 파서 못으로 만든 곳(네이버 지식백과)
7) 현재는 복개되어 있다. 성벽 서쪽의 탑동로가 복개된 병문천이다.

처음에는 제주 읍성의 동쪽에서 해자 역할을 했습니다. 이렇게 만들고 나니 식수가 심각한 문제로 등장했습니다. 성안에 우물이 없었기 때문입니다. 대부분의 용천은 성의 동쪽 밖 산지천 주변에 있었습니다[8]. 특히 주민들이 많이 이용하였던 용천인 가락쿡물은 성의 동쪽 밖 낭떠러지 밑으로 흘렀습니다. 이곳은 지금의 동문시장 공영주차장 뒤쪽입니다. 현재는 가락쿡물이 있었던 곳에 표지석이 새워져 있습니다. 이처럼 용천 문제로 성안의 백성들은 많은 불편을 겪었습니다. 그렇다하여 성을 새로 축성하는 것은 더 어려운 일입니다. 식수 문제를 보다 절박하게 인식하여 성을 증축을 하도록 한 계기 중 하나가 1555년에 있었던 을묘왜변이 아니었는지 모르겠습니다.

▲ 가락쿡물을 이용하던 모습(출처: 동문재래시장공영주차장 주변문화재안내도)

8) 주민들의 이야기에 의하면 가락쿡물은 용천에서 용출한 지하수로 폭 3m 정도로 짧은 구간에서 흘렀습니다. 여름에 아이들이 여기서 목욕을 하고, 장어도 잡았다고 합니다. 이 물은 현재 동문 시장 다리 쪽에서 산지천으로 흘러들어갔습니다. 1980년대까지 이용하였지만 주변에 큰 호텔들이 들어서고 이들이 지하수를 이용하면서 사라지게 되었다고 합니다.

▲ 읍성주민의 핵심 용천이었던 가락쿨물 표지석(동문시장 주차장 뒷쪽에 있다)

▲ 가락쿡물이 흘렀던 지역의 현재 모습(사진 오른쪽에 표지석이 있다)

1555년 5월 왜구는 전남 영암, 강진, 장흥, 진도 일대를 습격했습니다. 왜구에 포위되어 전라도 병마절도사와 장흥부사가 전사하고, 영암군수는 사로잡혔을 정도로 큰 사건이었습니다. 이에 조선정부는 호조판서 이준경을 도순찰사로 하여 왜구를 토벌했습니다. 이를 을묘왜변이라 부릅니다. 1차 침략에 실패한 왜구는 그 해 6월 27일 제주를 침략했습니다. 제주 을묘왜변은 제주도를 왜구의 본거지로 삼으려는 계획적 침략이었습니다. 1,000여 명의 왜구들이 제주 읍성을 3일간 포위했습니다. 치열한 전투를 했습니다. 이 때 김성조를 비롯한 돌격대의 공으로 왜구를 물리쳤습니다(네이버 지식백과; 향토문화전자대전). 이런 경험들과 일상에서의 식수 문제가 복합적으로 작용하여 을묘왜변 10년 뒤인 1565년(중종 20년)에 산지천 동쪽 밖으로 성을 확장하게 된 것은 아닌지 모르겠습니다.

이 같은 역사를 가진 제주읍성은 1910년 읍성철폐령으로 훼손되기 시작하다가 1925년 제주항 공사 시 바다를 매립하는데 성벽 돌을 사용하면서 당시 제주측후소 부근과 현재의 오현단 부근의 성곽만 남겨두고 대부분 파괴되었습니다(네이버 지식백과: 향토문화전자대전)

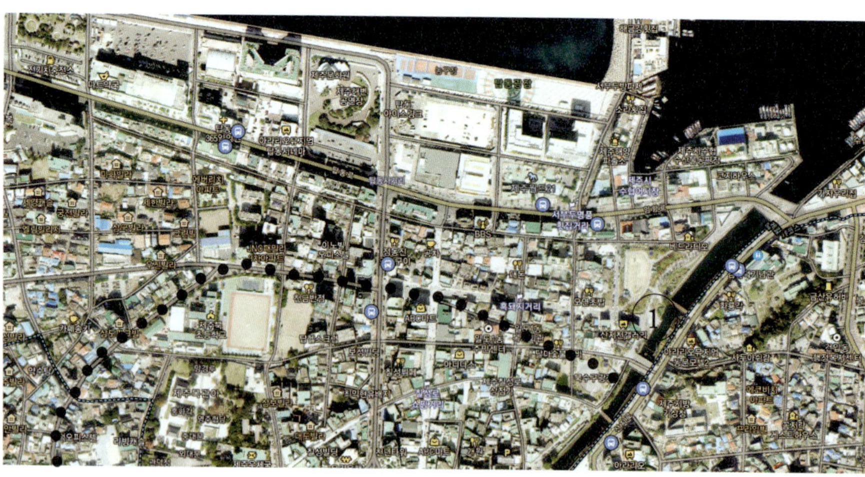

▲ 성곽 위치(점선)와 테우 선착장(1)

▲ 산지교 부근에 있는 과거 제주도 전통 배인 테우의 선착장 위치(선착장 위치가 현재 부두보다 훨씬 내륙 쪽이다. 그만큼 매립되었다)

위성사진과 몇 가지 역사적 정보를 통해 읍성의 위치와 특성을 찾아보았습니다. 이렇게 탐구한 결과는 제주목 관아 역사관에 있는 읍성 지도와 비교하면서 수정, 보완합니다(실제 제주 동문은 위성사진보다 약간 서쪽이었습니다). 조사한 내용을 토대로 실제 답사를 합니다. 읍성과 관련된 각종 표지석, 도로, 읍성의 잔재들을 위성사진, 고지도, 그리고 실제 경관과 비교하면서 찾으면 더욱 재미있는 답사가 됩니다. 발견의 즐거움을 느끼기 때문입니다. 지역을 잘 아는 주민들과의 인터뷰를 하는 것도 중요합니다. 이렇게 답사하면 제주 읍성과 관련된 지식들이 진짜 자신의 것이 됩니다.

2

제주의 관방시설

사진: 화북환해장성

▲ 온평환해장성(1), 화북환해장성(2), 애월환해장성(3), 산방연대(4), 말등포연대(5), 왜포연대(6), 수산진(수산초등:7), 애월진(애월초등:8)

환해장성[9)]

제주도 바닷가, 특히 제주도 북부 지역의 해안에는 현무암 돌로 쌓은 3m 전후 높이의 돌담 같은 구조물이 있습니다. 복원한 곳도 있지만 폐허처럼 남아 있는 곳도 많은 이것은 환해장성입니다. 이 성벽은 1270년 개경 환도를 결정한 고려 원종이 삼별초가 진도에 이어 남해의 요충지인 제주도를 공략할 것을 우려하여 만든 것입니다. 두 달 만에 쌓았다고 하니 제주도 해안 전체를 둘러쌓다기보다는 전략적으로 중요한 곳들을 둘러쌓을 가능성이 높습니다. 어째든 제주도 해안을 둘러싼 성의 모습이 반지 같다 하여 고리 '환(環)'을 써서 바다 쪽을 둘러싼 긴 성이라는 뜻으로 '환해장성'이라 부릅니다.

▲ 온평 환해장성(서귀포시 성산읍 환해장성로)

9) 환해장성은 송언근(2020) '지리로 가는 제주의 역사, 문화. 생태 답사'의 내용을 토대로 재구성한 것임.

1270년 11월 경, 원종의 우려대로 삼별초는 제주도를 점령합니다. 이문경을 대장으로 한 삼별초는 제주시 화북 일동에 있는 현재의 오현고등 앞에서 고려군 1,000명을 몰살시키고, 동쪽으로 8km쯤 떨어진 지금의 조천항 부근에서 진지를 구축하여 웅거합니다. 이때부터 삼별초는 제주도에 대한 지배권을 확보합니다. 1271년 6월 여몽연합군에게 삼별초의 본거지인 진도가 함락된 후, 삼별초의 잔여 세력들은 제주도로 옵니다. 이들은 이미 제주도에 있던 삼별초 군대들과 합류하여 2년여 동안 개경의 고려 정부와 몽고에 대항합니다.

삼별초는 원종이 만든 환해장성을 증·개축하고, 필요에 따라서는 신축도 하면서 여몽 연합군의 공격에 대비하였습니다. 삼별초를 막기 위해 만든 성을 삼별초가 더욱 튼튼하게 만들었으니 역사의 아이러니가 아닐 수 없습니다.

▲ 화북 포구에 있는 환해장성(제주시 화북일동 화북포구)

1273년 이십여 일에 걸친 여몽연합군의 공격으로 삼별초는 패망합니다. 당시, 삼별초의 본거지인 항파두리로 가는 전략적 요충지인 애월 포구에서도 여몽연합군과 삼별초 방어군 사이에 치열한 전투가 있었을 것입니다. 이곳에 가면 애월 환해장성을 볼 수 있습니다. 이곳 환해장성은 규모가 가장 클 뿐만 아니라 성으로 출입하였던 성문 구조도 남아있습니다.

▲ 애월 환해장성(제주시 애월읍 애월리 3길)

삼별초 이후 제주의 환해장성은 용도가 바뀝니다. 왜구의 침입으로부터 제주를 보호하는 해안 성이 됩니다. 고려 말부터 왜구의 침입이 규모적으로, 회수적으로 증가하면서 제주를 무척이나 괴롭혔습니다. 이 때 환해장성은 해안으로 침입하는 왜구로부터 제주와 제주민들을 지켰습니다. 아마 이때도 환해장성이 증·개축 되었을 것입니다. 당시 제주 사람들은 삼별초 시절보다 더 적극적으로 성의 증·개축에 참여했을 것입니다. 같은 고려인끼리 싸우기 위해 성을 쌓는 것이 아니라 다른 나라, 특히 왜구의 침략으로부터 자신들을 보호하기 위한 성을 쌓기 때문일 것입니다. 이런 이유로 주요 포구 주변에는 환해장성 흔적들이 있습니다. 제주와 육지를 연결하는 핵심 포구였던 화북 포구에는 잘 복원된 환해장성이 있습니다.

서귀포시 성산읍 신산리 신산 위생처리장 건너편에 신산 환해장성이 있습니다. 이곳은 복원된 환해장성과 붕괴된 환해장성이 연결되어 있어 환해장성의 형태와 기능을 이해하기에 아주 좋은 장소입니다.

▲ 복원된 신산 환해장성

▲ 신산 환해장성의 복원된 모습(사진 우측)과 복원되기 전 모습(사진 좌측)

제주에서 해안선을 따라 3m 전후의 높이와 폭, 그리고 외벽과 내벽의 이중 구조를 가진 돌로 만든 성벽 같은 구조물이 있으면 환해장성의 잔재로 보면 될 것 같습니다. 이들은 제주 해안의 여기저기에 있어 조금만 관심을 가지면 볼 수 있습니다. 특히 해안을 방어하였던 관계로 올레길을 따라 가다보면 쉽게 발견할 수 있습니다. 제주도에서만 볼 수 있는 독특한 해안 방어시설이자 고려에서 조선까지 600여 년의 역사를 간직한 환해장성에 대한 관심이 카페와 식당 관심의 반 정도라도 되었으면 하는 바람을 이들 지역을 답사할 때마다 가져 봅니다.

연대[10)]

제주도에는 육지에서 볼 수 없는 독특한 관방시설(국경을 지키는 군사시설)이 두 가지 있습니다. 하나는 환해장성이고, 다른 하나는 연대입니다. 환해장성은 관련된 주제에서 보았듯이 고려 시대 조성된 것으로 삼별초의 공격을 막기 위해 제주도 해안을 둘러쌓던 성벽입니다. 연대는 해안가에 설치된 일종의 봉수시설입니다.

▲ 원형이 가장 잘 보전된 말등포 연대(서귀포시 성산읍 온평리 1355-1)

10) 연대는 송언근(2020) '지리로 가는 제주의 역사, 문화. 생태 답사'의 내용을 토대로 재구성한 것임.

제주도에는 두 종류의 봉수가 있습니다. 하나는 해안에 가까운 오름 정상에 설치된 봉수대이고, 다른 하나는 해안가에 설치된 연대입니다. '봉수와 연대'라는 두 종류의 시설을 운영한 것은 제주도의 전략적 중요성과 섬이라는 지리적 특성 때문입니다.

제주도는 북으로는 우리나라, 동으로는 일본, 서쪽으로는 중국, 남쪽으로는 오키나와 필리핀으로 이어지는 해상교통의 중심지입니다. 이런 중요성으로 몽골 지배 때, 제주도로 천도하려는 논의도 있었습니다(김보한, 2017). 삼별초가 제주도를 거점으로 항전했던 것도 제주도의 전략적 가치와 관련이 깊습니다. 전략적으로 중요하다는 것은 침략 받을 가능성이 그 만큼 높다는 뜻이기도 합니다.

▲ 산방 연대(서귀포시 안덕면 사계리 산 33-2)

제주도는 섬이고, 육지에서 멀리 떨어져 있어, 침략을 받았을 때 육지에서 원군이 도착하는데 긴 시간이 걸립니다. 기상 상태에 따라 다르지만 10일 이상 소요됩니다(신효승, 2016). 따라서 원군이 도착하기 전에는 자체 군사만으로 제주도를 지켜야 합니다. 이런 문제들로 제주도는 바다로 침략하는 적들의 움직임을 사전에 철저히 감시해야 합니다. 이를 위해 제주도는 해안 전체를 촘촘히 감시하는 관측망을 구축했습니다. 넓고, 먼 곳까지 감시하는 오름 상의 봉수대, 그리고 해안에서 가까운 거리를 자세히 관측하는 연대가 그것입니다. 해안 관측을 위해 연대간, 연대와 봉수대간, 봉수대간에 긴밀한 협력을 하였습니다. 이 같은 관측 시스템을 위해 조선시대 제주에는 25개의 봉수대와 38개의 연대가 있었습니다. 총 63개의 관측시설이 있었습니다.

연대는 목적상 대부분 해안 가까이에 위치합니다. 말하자면 최전선에 있는 셈입니다. 현재로 보면 휴전선에 있는 GP와 같습니다. 이런 중요하고, 위험한 위치로 연대는 봉수와 경비의 기능을 동시하였습니다. 이는 100여 년 전의 산방연대 사진을 보면 알 수 있습니다. 원래 연대에는 호와 방호벽, 봉수군의 생활시설인 주거용 건물과 창고로 사용하는 고사 등이 있습니다. 사진에서 보이는 담장처럼 두른 방호벽은 방호 기능뿐만 아니라 봉수군이 짐승으로부터 피해 입는 것을 방지하거나 혹은 실수로 불이 주변으로 번지는 것을 방지하기 위한 방화용으로도 사용되었습니다. 이로 볼 때 연대는 봉수대 역할뿐만 아니라 적의 침입 때는 자체적으로 응전하고 방어하는 요새적인 기능도 가졌다는 것을 알 수 있습니다(제주특별자치도 민속자연박물관, 2015). 두 가지 기능을 인해 원래 연대의 규모는 지금보다 훨씬 컸습니다.

▲ 1914년 산방연대의 모습(출처: 제주의 방어 유적)

▲ 1914년 산방연대(출처: 국립제주박물관, 2017): 연대(흰 원)와 방호벽이 보인다. 해안으로 뻗은 지형은 용머리 해안이다

▲ 현재의 산방 연대(흰 원): 연대만 남아있다.

연대에는 종 9품 무관직인 별장 6명, 봉군 24~36명이 배치되어, 1개월에 5일씩 6개 조(조별 인원은 별장 1인, 봉군 4~6명)로 나누어 순환하며 근무하였습니다(네이버 지식백과). 통신은 평소는 불과 연기인 봉수가 중심이지만 해안의 특성 상 안개가 심할 때는 뿔로 만든 나발을 불어서 정보를 전달했습니다. 연대의 형태는 대부분이 밑변이 넓고, 위로 올라갈수록 좁아지는 마름모꼴입니다만 간혹 원형도 있습니다.

▲ 원형 형태의 왜포연대(제주시 조천읍 신흥리 784)

해안을 따라 발달한 올레길을 걸으면서 조금만 주위를 기울이면 연대를 볼 수 있습니다. 고려 말에서 조선에 걸쳐, 특히 왜구로부터 제주도를 지켰던 최전선의 군사 시설인 연대를 통해 제주만의 관방시설을 이해하는 것도 의미로운 여행입니다.

수산진

서귀포시 성산읍 수산 초교 삼거리 부근에 수산 초등학교가 있습니다. 제주에 있는 학교 중 이보다 평화롭고, 고즈넉하면서도 아름다운 곳이 있을까 싶을 정도로 마음에 쏙 드는 학교입니다. 이 학교는 고색까지 창연합니다. 이곳은 조선시대 제주도의 9개 군사기지 중 하나인 수산진이 있었던 곳이기 때문입니다.

▲ 수산 초등학교 입구와 성벽

수산진은 우도를 비롯한 제주도 북동 지역으로 출몰하는 왜구로부터 제주를 보호하기 위해 세종 21년에 만든 진성입니다. 당시의 건물은 없지만 진을 둘러 쌓던 높이 3~4m, 폭 4m에 이르는 성벽은 거의 그대로 남아 있습니다. 수산진

터에 학교가 있어 성벽은 학교의 담장이 되었습니다. 성벽이 학교를 둘러싸고 있는 셈입니다. 재미있게도 성벽 내측에 계단을 만들어 운동장 스탠드로 사용하고 있습니다.

읍성 안에 학교가 있는 사례는 여럿 있습니다. 경상북도 청도군 화양읍에 있는 화양 초등도 그 중 하나입니다. 읍성의 동헌이 있던 자리에 화양 초등이 있습니다. 그런데 수산 초등처럼 성 자체를 학교로 사용하고, 성벽이 그대로 남아 있는 곳은 거의 없습니다.

이렇게 고색이 창연한 학교에 성벽만큼 멋진 것은 성벽과 운동장 사이에 있는 아름드리 동백나무, 느티나무, 구실잣밤나무, 후박나무, 참식나무들입니다. 백년은 넘은 것 같은 나무들이 학교 운동장을 둘러싸고 있어, 성벽만 아니라 나무에도 고색이 가득하였습니다.

▲ 수산 초등학교 전경

지난 토요일(4.13) 오후, 학교에 도착했을 때 파란 잔디가 깔린 운동장에서 학생들이 축구를 하고 있었습니다. 세종 때 만들어진 성벽의 구조를 조사하면서 잠시 눈을 돌리면 600년 전에 만들어진 공간에서 지금의 아이들이 놀고 있는 것이 보입니다. 조선의 군사들이 있었던 저 공간에 지금의 아이들이 놀고 있습니다.

공간은 시간을 담는 그릇입니다. 공간이라는 그릇에 시간은 중첩적으로 쌓입니다. 대구의 반월당에 있는 현대백화점 뒤에는 조선시대의 영남대로가 있고, 그 옆에는 1907년에 만든 남성로(약전골목)가 있습니다. 그리고 백화점 앞에는 오늘날 만들어진 달구벌대로가 있습니다. 1392년부터 영남대로가 있었으니, 이 곳에는 627년의 시간이 중첩되어 있습니다.

우리는 중첩된 시간의 공간 속에 삽니다. 그 속에서 새로운 시간의 공간을 만듭니다. 그런 공간의 의미와 구조를 시간의 변화를 통해 밝히는 즐거움은 진짜 쏠쏠합니다.

▲ 수산 초등학교 서쪽 담장으로서 성벽

▲ 수산 초등학교 북쪽 담장으로서 성벽

▲ 수산 초등학교 동쪽 담장으로서 성벽

애월진

가장 좋아하는 제주 지명은 애월입니다. '절벽 위에 걸린 달'이라는 뜻의 애월에서 밤바다, 달, 절벽의 아름다운 조화가 느껴져 그렇습니다. 그런데 이 아름다움에서 가끔 처연함과 쓸쓸함도 느낍니다. 애월은 실제 그런 곳이었습니다. 삼별초의 슬픈 역사가 깃든 곳이 애월이기 때문입니다.

1270년 11월, 진도 삼별초의 선발대가 제주도에 도착하여 치열한 전투로 제주를 점령합니다. 이듬해 5월 고려와 몽고 연합군에 의해 진도의 삼별초는 붕괴됩니다. 용케 살아남은 삼별초는 제주도로 옵니다. 이들은 항파두리성을 본거지로 하여 개경의 고려 정부 및 몽고와 대립합니다.

항파두리성의 북서쪽에 위치한 애월 포구는 삼별초의 전략적 요충지이자 수군의 핵심 기지였습니다. 이곳에서 항파두리성으로 가기 때문입니다. 이런 중요성으로 애월 포구에 삼별초는 목성을 만들었습니다.

▲ 항파두리성과 애월 포구(A)

1271년 진도의 삼별초를 제압한 고려와 몽고 연합군은 2년 뒤인 1273년 12,000명의 군인을 동원하여 제주도를 공격합니다. 20여 일의 공격으로 삼별초를 격파합니다. 이 때 사용했던 전략은 진도에서 재미를 본 성동격서입니다. 동쪽을 치듯이 하면서 서쪽을 공격하는 것입니다. 제주도 공격에도 같은 전략을 사용했습니다. 제주도 삼별초의 핵심 포구인 애월포를 공격하는 것처럼 하여 삼별초를 그 쪽으로 집중시켰습니다. 그리고는 애월 서쪽의 명월포에서 공격하여 항파두리성을 점령했습니다(윤용혁, 1994). 애월 목성도 당시 전투에서 여몽 연합군의 공격으로 점령되었고, 수많은 삼별초가 이곳에서 죽었습니다. 강화도를 떠나 3년 동안 몽고에 항쟁했던 삼별초는 막을 내렸습니다. 애월 목성이 있었던 애월은 삼별초가 마지막을 보냈던 지역입니다.

애월읍에 가면 애월 초등학교가 있습니다. 이곳은 고려시대 삼별초가 만든 애월 목성이 있었던 곳입니다. 삼별초가 만든 목성은 조선시대 선조 때 석성으로 개조되었습니다. 애월 초등학교에 가면 조선시대 만든 애월진의 성벽 잔재를 볼 수 있습니다. 성산읍의 수산 초등학교에 있는 수산진의 성벽만큼은 아니지만 꽤 긴 성벽이 복원되었고, 원형이 남아 있는 곳도 있습니다. 학교 북서쪽의 성벽은 거의 원형에 가깝게 남아있습니다. 애월진의 북쪽 모퉁이를 둥글게 둘러싼 이곳에는 여첩도 있고, 성벽의 축성 특징도 볼 수 있습니다. 이곳에 서면 애월 포구가 한 눈에 보입니다.

▲ 애월 초등 병설유치원에 있는 애월진성과 여첩

▲ 애월 초등 북서쪽의 애월진성 성벽

▲ 애월 초등 북서쪽 성벽위에서 본 애월 포구

이런 귀한 곳이 성벽 아래의 집들로 인해 일부를 제외하고는 볼 수가 없습니다. 100m 가깝게 남아있는 성벽 중 볼 수 있는 곳은 30여 m에 불과합니다. 더 큰 문제는 이곳이 방치되어 있다는 것입니다. 성벽 앞에 '이 곳은 문화재 지역이니 쓰레기를 버리지 말라'라는 안내문이 있습니다만 곳곳에 쓰레기더미가 있습니다. 만약 제주시가 성벽을 둘러싸고 있는 집들을 매입하여 주변을 정리한다면 애월진은 과거의 웅장한 모습을 드러낼 것입니다. 애월진 앞의 애월 포구는 고려시대 삼별초들이 항파두리로 오고 갔던 핵심 포구이자 삼별초의 마지막을 보낸 곳입니다. 이 때문에 이곳에는 이야깃거리가 엄청 많습니다. 지역을 위한 스토리텔링을 하기가 너무 좋은 곳입니다. 그래서 더욱 아쉬운 곳이 이 곳입니다.

항파두리성: 역사와 삼별초

진도가 여몽 연합군의 공격으로 함락된 후 제주도로 들어온 삼별초 잔여 세력과 제주도를 점령하고 있던 삼별초 선발대는 김통정 장군을 중심으로 애월 포구에서 남동쪽으로 8km 지점에 있는 항파두리에 내·외성을 쌓고, 본격적인 방어에 들어갔습니다.

▲ 항파두리성과 애월항(A)

오늘은 이곳을 답사했습니다. 외성의 길이가 6km에 달하였고, 내성은 사다리꼴로 북쪽 178m, 남쪽 192m, 동쪽 194m, 서쪽 192m 정도(http://www.jeju.go.kr/hangpadori/data/repair.htm)로 꽤 규모가 컸던 이곳은 삼별초가 2년 이상 고려 정부와 몽고에 저항한 외세 항쟁의 상징적인 곳입니다. 그래서 꽤 많이 복원된 줄 알았는데 그렇지 않았습니다. 기대와 달리 황량했습니다. 외성 북쪽에 인접한 극락사에는 항쟁 당시 장군들이 먹었던 물이어서 '장군물'이라 불리는 용천이 있습니다. 지금은 나뭇잎만 있습니다. 이 같은 항파두리성을 보면서 '역사는 무엇인가'라는 생각을 하였습니다.

▲ 항파두리 항몽유적 조사 현황(http://www.jeju.go.kr/hangpadori/data/repair.htm)

▲ 항파두리 토성(외성)

▲ 발굴 중인 내성

▲ 외성인 토성에서 본 북쪽 해안: 사진 좌측 오름은 수산봉이다.

▲ 극락사와 외성 사이에 있는 장군물

고금과 동서를 막론하고 역사를 승자의 기록이라 합니다. 역사를 만드는 사람은 자신의 정치적 신념을 위해 살아갑니다. 삶의 목적은 자신의 철학으로 국가나 집단을 통치하는 것입니다. 역사는 그 과정을 기록한 것입니다. 역사에 기록된 내용은 통치의 내용이고, 그것은 승자의 철학과 통치 활동입니다. 이 때문에 역사를 승자의 기록이라 하는 것 같습니다.

역사의 승자가 되기 위해서는 반대 철학을 가진 자들을 제압해야 합니다. 그래야 자신의 철학을 구현할 수 있습니다. 그것을 위해 동원하는 것이 무력과 선동입니다. 무력은 다른 신념의 집단을 제압하기 위한 것이고, 선동은 자신의 정치적 신념에 동화시키기 위해서입니다. 역사의 패자는 정치적 신념을 달리하는 집단입니다. 이 때문에 승자의 시기에 패자의 정치 철학은 의도적으로 배제됩니다. 패자를 비난할수록 승자의 정당성은 공고해집니다. 패자의 역사가 다시 드러나는 것은 역사의 주체가 바뀔 때 이거나, 승자에게 패자의 무엇이 필요할 때입니다. 시대가 바뀌어도 변하는 것은 없습니다. 권력에 대한 인간의 의지가 바뀌지 않기 때문입니다. 바뀐 것은 무력에서 투표에 의한 권력의 이동과 강압에서 선전과 설득이라는 방법의 전환뿐입니다.

왕조에 대한 반란 집단, 민족항전의 수호자, 무인정권의 하수인이라는 엇갈린 평가를 받는 삼별초도 비슷합니다. 삼별초의 전신인 야별초는 무인 정권의 사병과는 성격이 달랐습니다. 그러나 최씨 정권이 붕괴된 이후에는 사실상 정치적 사병집단화의 색채가 강하였습니다. 이들은 무신정권을 유지시킨 핵심 세력이고, 새로운 무신정권이 탄생할 때마다 앞장 선 집단입니다. 무신정권에는 더없이 중요한 집단입니다. 한편으로는 대몽 항쟁의 선봉에 섰던 정예부대였습니다. 특별히 가려 뽑은 자, 즉 정예를 의미하는 '별초'라는 이름에서 알 수 있듯이 이들은 용맹하고 전투 능력이 뛰어난 용사들입니다. 무신 정권이 고려의 대몽항쟁이 강경하고 경직된 방향으로 전개되도록 이끈 선봉에 이들이 있었습니다(윤용혁, 2014). 그러하니 몽고에게 삼별초는 눈엣가시 같은 존재였을 것입니다.

1270년 원종에 의해 무신집정자 임유무가 제거되면서 마침내 100년의 무신정권은 막을 내립니다. 원종은 개경으로 천도를 선포합니다. 원종을 도와 임유무 제거에 앞장선 삼별초이지만 자신들의 해산을 요구하는 원종을 의심합니다. 만약 부대를 해산하고, 개경으로 간다면, 몽고와 최일선에서 싸운 자신들의 안위가 걱정될 것입니다. 설상가상으로 삼별초의 명단까지 넘어갔으니 우려와 두려움은 더욱 컸을 것입니다. 선택은 두 가지 중 하나입니다. 하나는 왕의 해산 명령을 받아들여 삼별초를 해산하고 처분을 기다리는 것이고, 다른 하나는 왕의 명령을 거부하기 위한 명분을 만들고, 정통성을 위해 왕족 중 한명을 내세워 대몽항쟁을 유지하는 것입니다. 삼별초는 후자를 택했습니다.

시어머니를 욕하면서 시어머니를 닮아간다고 합니다. 삼별초는 수십 년 동안 무신 정권 아래에 있었습니다. 그 속에서 그들만의 정치적 가치관이 형성되었을 것입니다. 이와 더불어 당시의 시대적, 사회적 상황, 백성들의 생각 등 여러 가지를 토대로 대몽 항쟁이라는 결정을 내렸을 것입니다. 그 같은 결정이 국가와 민족을 위한 정치적 신념에 의한 것인지는 모르겠지만 진도와 제주도에서 3년 동안 고려 조정 및 몽고와 싸웠습니다. 그것을 우리는 삼별초의 난이라 부릅니다.

한국 역사에서 삼별초의 제주 항전은 '민족 항전'이라는 국가사적 의미를 부여할 수 있는 것이기는 하지만, 적어도 제주 도민에게는 노역에 동원되고, 전쟁터에 앞세워진 하나의 재난으로 연결됩니다. 항파두리성을 축성할 당시에 흉년까지 겹쳐 '자기 똥도 자기가 먹을 수 없을 정도로 곤궁하였다'라는 구전이 전할 정도이니(윤용혁, 2014) 얼마나 힘이 들었을지 짐작하고도 남습니다. 역사에서 자주 보는 것이지만 역사의 고비마다 죽도록 고생하는 것은 힘없는 백성들입니다.

오늘은 마지막 대몽항쟁지인 항파두리성을 답사했습니다. 내성과 외성의 구조를 조사하였지만, 이보다 역사는 무엇이고, 역사에서 우리가 배워야 할 것은 무엇인지를 더 많이 생각했습니다.

Ⅳ

제주의 문화 여행

사진: 전통 가옥과 올레

1

무덤

사진: 마라도의 무덤

제주 무덤의 위치[11)]

제주에서 흥미로운 것을 하나만 꼽으라면 나는 '무덤'을 얘기합니다. 산자와 죽은 자가 같은 공간에 있는 독특함 때문입니다. 제주의 무덤은 집 앞에도 있고, 마을 옆의 밭에도 있습니다. 밭마다 무덤이 있다 해도 과언이 아닌 곳도 있습니다. 산자와 죽은 자의 공간이 엄연히 구분되는 육지인의 관점에서 이는 놀랍고도 흥미로운 현상이 입니다.

▲ 용두암 옆 용연 편의점 앞 무덤

왜 이런 차이가 생겼는지 곰곰이 생각해 보았습니다. '육지와 제주도의 지형 차이가 두 지역 사람들의 토지이용에 영향을 미치고, 그것이 무덤 입지 차이를

11) 제주의 무덤 위치는 송언근(2020), '지리로 가는 제주의 역사, 문화, 생태 답사'를 토대로 재구성한 것임.

만든 것은 아닐까'라는 생각을 하였습니다.

육지의 지형은 산과 평야로 명확히 구분됩니다. 어디를 가든 산은 산이고, 평야는 평야입니다. 초등학생도 구분할 만큼 차이가 뚜렷합니다. 지형만큼 토양도 차이가 큽니다. 산의 토양은 기반암이 제자리에서 풍화되어 발달한 것입니다. 그래서 토양 입자가 거칠고, 토양층도 얇습니다. 이런 토양을 한자로 남을 '잔', 쌓을 '적'자를 써서 '잔적토'라 부릅니다. 산에서의 토지 이용이 밭농사 중심인 것도 토양의 이 같은 특성 때문입니다.

▲ 대포포구 옆 귤밭의 무덤

이와 달리 평야의 토양은 하천이 운반하던 것이 범람하여 쌓은 것입니다. 다른 곳에서 운반되어 쌓인 토양이라 하여 옮길 운, 쌓을 적, 흙토를 사용하여 '운적토'라고 부릅니다. 토양 입자의 크기는 평야의 위치에 따라 차이는 있지만 전체적으로는 실트와 점토가 주를 이룹니다. 실트 입자의 크기는 1/16mm 보다 작고, 1/256mm 보다는 큽니다. 점토의 입자는 1/256mm 보다 작습니다. 이렇게 미세한 토양 입자 특성으로 평야에서는 논농사를 합니다. 어쨌든 평야 지역의 토양은 산지 지역의 토양과는 비교할 수 없을 정도로 작습니다. 이 같은 지형과 토양의 차이로 토지이용도 산과 평야는 명확히 구분됩니다.

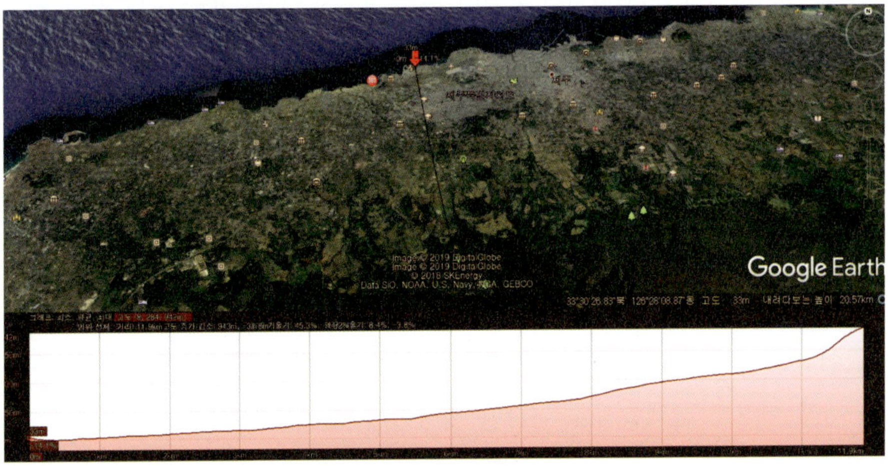

▲ 제주도 도두항에서 어승생악 사이 종단면도

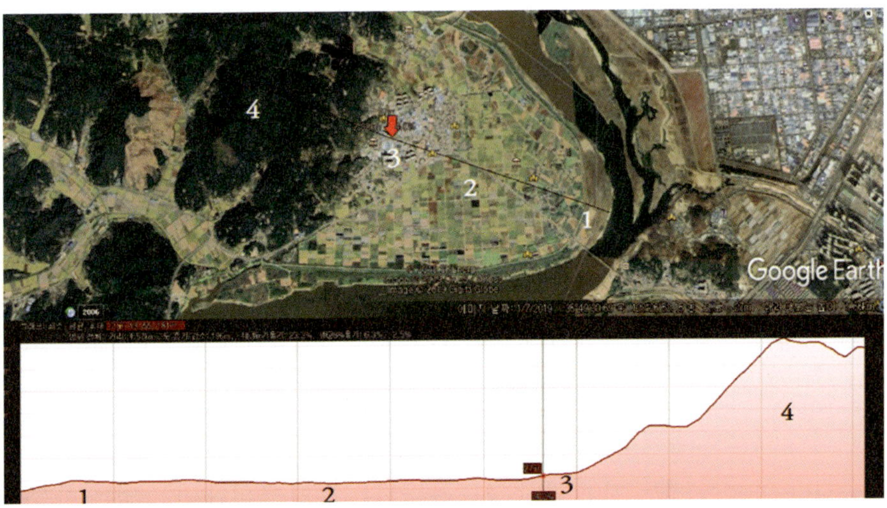

▲ 경상북도 고령군 다사면 호촌리 일대 지형 횡단면도

제주도는 육지와 달리 지형 차가 뚜렷하지 않습니다. 제주도는 평탄한 용암대지와 그 위에 마치 방패를 엎어 놓은 것 같은 완만한 경사의 순상화산으로 되어 있습니다. 이로 인해 지형의 기복 차가 아주 작습니다. 즉 단위 지역에서 가장 높은 곳과 낮은 곳의 높이 차(기복차)가 작습니다. 그러하니 여기든 저기든 거의 비슷한 지형입니다. 화산섬이어서 거의 모든 지역이 화산암류로 덮여 있어 토양의 성격도 비슷합니다. 그리고 제주도는 지질의 시간으로 보면 형성 시기가 아주 최근입니다. 사람으로 보면 거의 갓난 아이 수준이라 할 수 있습니다. 이는 토양을 만드는 풍화작용이 일어날 시간이 육지와 비교가 되지 않을 정도로 짧다는 뜻입니다. 그러니 토양층의 두께도 얇습니다.

지형과 토양 차이가 크지 않으니 지형에 따라, 위치에 따라 토지이용을 구분할 필요가 없습니다. 육지에서처럼 어디에서는 무엇을 해야 한다는 법이 없습니다. 이런 조건에서 토지 이용의 기준은 자연환경이 아니라 인간이 됩니다. 무엇을 위해 어디를 선택할지를 인간이 결정하기 때문입니다.

인간이 선택할 조건을 보면 첫째는 토양층의 깊이일 것입니다. 땅을 파서 관을 묻어야 하기 때문입니다. 둘째는 접근과 관리의 편리성일 것입니다. 첫째 조건과 관련해서 보면 마을 주변은 경작을 위해 오래 전부터 돌을 골라내고, 토양을 관리하여 토양층이 다른 지역에 비해 상대적으로 깊습니다. 그래서 관을 묻기가 좋습니다. 제주도 지관들도 토층의 깊이를 무덤 위치 선정에 가장 중요한 요인 중 하나로 봅니다(김유정, 손명철, 2007). 둘째 조건을 보면, 여기나 저기나 비슷한 지형과 토양이라면 굳이 멀리 갈 필요는 없을 것입니다. 돈이 많고 벼슬이 높아 후손들에게도 그것을 유지하고 싶은 계층은 풍수사의 말에 따라 멀리 있는 오름의 꼭대기에 무덤을 조성하기도 합니다. 그런데 먹고 살기 힘든 사람들에게 그것은 그림에 떡입니다. 이들에게 조상 무덤은 접근과 관리의 편리성이 더 중요할지 모릅니다. 마을 인근 밭에 있으면 접근하고, 관리하기가 좋습니다. 밭일을 하는 것이 곧 조상을 보살피는 효의 행위입니다. 없는 사람이 할 수 있는 최고의 효가 무덤에 자주 가는 것과 그 곳을 깨끗이 관리하는 것입니다. 이것이 무덤을 마을 주변에 위치시킨 원인이 아닐까 생각합니다.

제주도에서 밭머리에 무덤을 조성한 기록은 조선 전기부터 나타납니다. 그때나 지금이나 제주도의 지형 특징은 같습니다. 이로 볼 때 '제주의 무덤 입지는 제주 사람들이 제주의 자연환경에 적응한 결과'라고 할 수 있을 것 같습니다.

제주 무덤의 구조[12)]

제주도 무덤은 위치뿐만 아니라 구조도 육지와 많이 다릅니다. 육지 무덤은 일반적으로 봉분, 상석, 비석으로 되어 있습니다. 제주도 무덤에 이들은 당연한 것이고, 육지에 없는 '산담'이라는 돌담이 있습니다. 산담은 무덤을 둘러싼 돌로 만든 담입니다. 담이 있으니 출입문도 있습니다. '신문'이라는 것이 그것입니다.

▲ 산담으로 둘러싸인 무덤과 산담 모퉁이의 어귓돌(사려니 숲의 무덤)

12) 제주의 무덤 구조는 송언근(2020), '지리로 가는 제주의 역사, 문화, 생태 답사'를 토대로 재구성한 것임.

▲ 산담에 있는 신문(사려니 숲의 무덤)

▲ 산담에 있는 신문(용두암 옆 용연 편의점 앞의 무덤)

돌담으로 인해 제주의 무덤은 개별적이고, 독립적인 공간이 되었습니다. 봉분이라는 집과 그것을 둘러싼 담, 봉분과 산담 사이의 집 마당 같은 공간, 그리고 출입문이 있는 제주의 무덤은 죽은 자의 집이라는 음택의 의미에 딱 맞는 곳입니다. 이 같은 제주 무덤의 구조는 사회적 요인이 큽니다. 그것은 크게 세 가지입니다. 이를 김유정, 손명철(2007)의 연구를 토대로 재구성해 보면 다음과 같습니다.

첫째, 말과 소의 침입을 막기 위함입니다. 제주도는 우리나라 최남단이어서 따뜻하고, 섬이어서 비가 많이 옵니다. 용암대지와 순상화산으로 되어있어 아주 평탄합니다. 이런 자연 환경으로 곳곳에 넓은 초지가 발달했습니다. 육지에서 분리되어 맹수까지 없으니 말을 기르기에 더 없이 좋은 환경입니다. 그래서 제주도에는 목장이 많습니다. 고려시대부터 그러했습니다. 말뿐만 아니라 소도 많습니다. 1930년대 연구에 의하면 당시 일본과 우리나라에서 단위 면적당 소의 밀도가 가장 높은 곳이 제주도였습니다. 이 같은 뛰어난 자연환경에서 수많은 말과 소가 돌아다니기 때문에는 산담이 없으면 무덤은 훼손될 가능성이 높습니다.

둘째, 화전의 피해를 예방하기 위해서입니다. 제주도 토양은 화산활동에 의한 화산쇄설물, 현무암 풍화토가 대부분입니다. 이들은 크기가 큽니다. 그리고 제주도는 지질의 역사로 보면 갓난 아이 같이 만들어진지가 얼마 되지 않는 섬입니다. 그러니 토양을 만드는 풍화작용의 기간도 아주 짧습니다. 토양층이 두꺼울 수가 없습니다. 이들 때문에 비가 오면 쉽게 물이 빠집니다. 토양 속 영양분도 같이 빠져나갑니다. 이런 문제로 제주도에서는 땅에 영양분을 주기 위해 화전을 많이 했습니다.

밭에 불을 내는 것은 화전만이 아닙니다. 진드기를 잡기 위해서도 불을 냅니다. 진드기는 소에 붙어서 소의 피를 빨아먹고 삽니다. 소가 많은 제주도에는 진드기가 많을 수밖에 없습니다. 진드기는 가을에 소에서 떨어져 나와 방목지에서 겨울 보냅니다. 그래서 음력 2월경에 밭에 불을 냅니다(고광민, 2018). 화전과 진드기 박멸을 위한 불이 자칫하면 무덤을 태울 수 있습니다. 이것이 산담을 만든 두 번째 이유입니다. 불이 무덤으로 오지 않도록 하기 위해서입니다.

셋째, 토지분쟁을 피하기 위해서입니다. 인류 문명에서 법과 제도가 빨리 만들어진 곳의 특징 중 하나는 인구밀도가 높다는 것입니다. 인구가 많으면 분쟁도 많습니다. 분쟁의 조정자가 없으면 주먹이 법이 됩니다. 이를 방치하면 공동체는 파괴됩니다. 그래서 법과 제도를 만들어 질서를 유지합니다.

섬 전체가 용암으로 덮인 제주도는 인구 문제가 아니라 농사에 좋은 땅의 부족이 다툼의 원인 중 하나였을지도 모릅니다. 고려시대 판관 김구가 밭 경계의 다툼을 해결하고자 밭담으로 경계를 만들도록 명을 내렸다는 기록에서 이를 추정할 수 있습니다. 기록으로 보면 밭담도 주먹이 앞서는 사람들로부터 재산을 지키기 위해 만들어진 것 같습니다.

화산으로 만들어진 제주도는 온통 화산암으로 덮여있습니다. 이런 땅에서 농사를 지으려면 돌을 골라내야만 합니다. 이것은 힘들기 그지없는 일입니다. 사람이 적으니 돌을 골라낸 밭도 적을 수밖에 없습니다. 농사지을 땅은 적은데, 그 곳에 무덤까지 있습니다. 하여 농사를 짓다가 욕심이 넘치면 다른 조상의 무덤까지 침범하는 경우가 꽤 있었습니다. 이 같은 문제들을 막기 위해 산담을 만들었습니다.

이유야 어떠하든 무덤은 산담으로 인해 진짜 집이 되었습니다. 육지처럼 봉분만 덩그렇게 있는 휑한 공간이 아니라, 담과 문을 가진 아늑한 공간으로서 집(음택)이 되었습니다.

2

돌담

사진: 진빌레 밭담길

▲ 진빌레 밭담길(1), 하도리 갯담(2), 사려니 숲길 잣성(3), 성읍민속마을 통싯담(4)

진빌레 밭담길

기록으로 보면 밭의 경계인 밭담이 만들어 진 것은 고려 시대입니다. '제주 판관 김구(1211~1278)가 밭두렁이 없어 사나운 사람들이 남의 땅을 제 것으로 만들어 버리는 문제를 해결하기 위해 제주 각 지역에 명을 내려 담을 쌓게 하였다(조정곤, 2015)'라고 합니다. 제주 판관 김구가 명을 내리기 이전부터 밭담이 있었는데 그의 명으로 제주 전역으로 확산되었는지, 아니면 그 때부터 밭담이 생겼는지 알 수 없습니다. 그러나 분명한 것은 밭담은 고려시대부터 이어진 최소 700년 넘은 농업 유산이라는 사실입니다.

▲ 진빌레 밭담길 전경 1

화산지형이어서 밭농사가 농업이 주를 이루고, 돌을 골라 경지를 확보하고, 그 돌로 밭의 경계를 만들었던 제주만의 독특한 농업 방식인 밭담은 2014년 국제연합식량농업기구(FAO)로부터 세계농업문화유산으로 선정되었습니다. 이를 기념하는 밭담길 축제가 매년 열립니다. 그 중 한 곳이 구좌읍 월정리 동부하수처리장 뒤쪽에 있는 밭담길 지역입니다. '진빌레 밭담길'로 불리는 이곳은 말 그대로 밭의 경계를 나타내는 돌담인 밭담과 그 길들이 산재한 지역입니다. 세계농업유산인 제주 밭담길을 대표하는 곳이니 이곳만의 특별한 축조 방식이 있거나 제주의 전통적 밭담 경관을 여기서 특별히 잘 볼 수 있을 것으로 생각하고 오면 실망합니다. 돌이 많고, 밭이 많은 제주도 어디서나 볼 수 있는 밭담이기 때문입니다. 그럼에도 이곳이 제주도를 대표하는 밭담 지역인 것은 이곳만의 매력 때문입니다.

▲ 진빌레 밭담길 전경 2

이곳의 매력은 세 가지입니다.

첫째는 색의 조화입니다. 밭담 사이로 난 길은 흰색을 많이 띱니다. 반면 밭담의 돌은 검은색 현무암입니다. 검은색 밭담과 흰색의 길이 보여주는 색의 대비가 상당히 조화롭습니다. 밭에서 재배하는 작물은 주로 마늘입니다. 밭의 흙은 다른 지역에 비해 흰색이 많습니다. 이로 인해 초록색은 더욱 도드라집니다. 이 같은 특징은 이곳의 북서쪽과 북동쪽에 있는 김녕과 월정리 해안에 있는 밀가루처럼 곱게 갈린 하얀 조개껍질 분말(패사)이 겨울철 북서풍에 의해 이곳으로 날려 와 쌓인 결과입니다. 사실 이곳은 해안 사구 지역입니다. 즉 바닷가에 있는 패사가 오랫동안 바람에 날려 쌓여서 모래 언덕처럼 발달한 지역입니다.

둘째는 땅, 바다, 하늘의 조화입니다. 진빌레 밭담길 북쪽 해안에는 김녕 풍력발전 단지가 있습니다. 이들을 경계로 북쪽은 푸른 제주의 바다이고, 남쪽은 완만한 경사를 가진 초록의 경작지가 넓게 분포합니다. 하늘로 쏟은 하얀색의 풍력발전기, 푸른색 바다와 초록색 초원의 조화 또한 아름답습니다.

▲ 진빌레 밭담길 전경 3

셋째, 면과 선, 수평과 수직. 곡선과 직선의 조화입니다. 진빌레 밭담길은 해안 쪽으로 경사진 지형 위에 있습니다. 이 때문에 밭담길을 걸으면 전체 경관이 자연스럽게 조망됩니다. 밭담 길이 보여주는 곡선의 아름다움, 경작지와 밭담이 이루는 면과 선의 조화, 풍력발전기와 바다 및 경작지가 이루는 수직과 수평의 조화가 한 눈에 들어옵니다.

진빌레 밭담길이 제주도 다른 지역의 밭담들길과 다른 것은 위의 세 가지 때문인 것 같습니다. 이로 인해 이곳에서는 제주의 전통 밭담길이 주변과 어우러져 만든 아름다운 경관을 감상할 수 있습니다.

▶ 진빌레 밭담길 이외도 제주도에서 선정한 밭담길이 여러 곳 있습니다. 구좌읍 대평리의 '감수굴 밭담길', 애월읍 수산리의 '물메 밭담길', 한림읍 동명리의 '수류촌 밭담길', 성산읍 신풍리의 '어멍아방 밭담길', 성산읍 난산리의 '난미 밭담길'이 있습니다. 제주도에서는 매년 밭담길 걷기 행사를 합니다. 2019년 진빌레 밭담길 축제는 9월 28~29일 사이에 열렸습니다. 행사 시기는 지역마다 차이가 있습니다.

하도리 갯담(원담)

돌이 많은 제주도에는 여러 종류의 돌담이 있습니다. 집담, 밭담, 산담, 통싯담, 갯담(원담)[13]등 이름도 다양합니다. 이들 중 갯담을 제외한 돌담들은 경계를 만들고, 경계 안을 보호하는 것이 목적입니다.

집담은 집의 경계이자 외부 사람들의 무단 침입과 강한 바람으로부터 집을 지키기 위해서, 그리고 밭담은 밭의 경계를 명확히 하고, 바람이나 마소의 침입으로부터 밭을 보호하기 위해 만들었습니다. 소와 말이 목장을 벗어나는 것을 막기 위해 만든 돌담을 '잣성'이라 하고, 무덤을 화전이나 산불, 또는 마소의 침입으로부터 보호하기 위해 쌓은 것은 '산담'이라 부릅니다. 통싯담은 화장실이자 똥돼지를 키우는 돼지우리의 돌담입니다. 이처럼 돌담들의 목적은 보호와 경계의 성격이 강합니다.

그런데 갯담은 다른 돌담과 달리 무엇을 보호하고, 영역을 표시하기보다는 무엇을 잡기 위해 만들었습니다. 위치도 다릅니다. 다른 돌담들이 육지에 있다면 갯담은 바다에 있습니다. 갯담은 제주에 있는 돌담 중, 목적과 위치가 가장 독특합니다. 온 천지에 돌담인 제주도에서도 보기가 힘든 것이 갯담입니다. 귀한 돌담입니다.

갯담은 밀·썰물을 이용해서 고기를 잡기 위해 만든 돌담입니다. 말하자면 돌로 만든 일종의 고정형 고기잡이 그물입니다. 규모에 보듯이 갯담은 마을 사람들이 공동으로 만들고, 공동으로 관리합니다. 이 같은 특성을 갖는 갯담은 바닷가의 오목한 지형을 가로질러 돌담을 쌓고, 밀물 때 갯담 안으로 바닷물과 함께 들어 온 고기가 썰물 때, 갯담 안에 갇히면 이들을 잡습니다.

13) 조천읍 조천리에서부터 구좌읍 하도리까지는 '개', 그 외의 지역에서는 '원'이라고 한다. '개'는 해변 후미진 곳의 이름에서, 그리고 '원'은 한자어 원(垣, 담·울타리)에서 비롯한 말이다(네이버 지식백과).

▲ 하도리 갯담 전경 1(해안에서 토끼섬 방향. 사진 위쪽에 하얗게 보이는 곳이 토끼 섬이다)

▲ 하도리 갯담 전경 2(해안에서 토끼섬 방향)

갯담의 규모는 설치한 지역에 따라 다릅니다. 원형이 가장 많이 남은 구좌읍 하도리 굴동의 '멜튼개'라는 갯담은 높이가 60~70cm, 폭은 2.4m 정도 됩니다. 높이가 1m 미만인 것은 밀·썰물의 차이 때문인 것 같습니다. 제주의 밀·썰물 차는 지역과 시기에 따라 달라서 일반화 할 수는 없습니다. 6월 8일 오늘 날짜로 보면 제주시의 밀물 시 해수면은 평균해수면보다 2.7m 높고, 썰물 시에는 0.6m 정도 높습니다. 이런 것으로 볼 때, 갯담의 높이는 밀·썰물의 높이에 따른 고기들의 이동을 고려한 것 같습니다. 높이에 비해 폭이 상당히 넓습니다. 이는 하루에 두 번씩 일어나는 밀·썰물이나 태풍으로부터 갯담을 보호하기 위한 것으로 보입니다. 갯담의 구조는 외부는 큰돌로 쌓고 안쪽은 작은 돌로 채워 놓은 구조입니다. 이것 역시 갯담의 보호와 물의 원활한 흐름과 관련 있을 것으로 보입니다. 갯담에는 자연의 법칙을 따르는 바닷물의 흐름을 이용하는 인간의 지혜가 담겨 있습니다.

▲ 하도리 갯담 전경 3(사진 위쪽은 해안 지역이다)

▶ 멸치(멜)가 많이 잡히는 '개'라 하여 '멜튼개'라고도 부르는 하도리의 갯담은 구좌읍 하도리 하도굴동 교차로 부근에 있습니다. 이곳은 올레길 21코스에 있습니다. 제주도에 몇 안 되는 갯담 중에서도 원형의 보존이 가장 양호하고, 규모도 아주 큽니다. 그리고 갯담 옆에는 천연기념물 제19호로 지정된 문주란 자생지인 토끼섬이 있습니다.

갯담은 썰물 때에 볼 수 있습니다. 밀·썰물 시간대를 살펴, 썰물 때에 이 곳에 가면 제주 사람들이 자연을 이용하는 지혜를 귀한 갯담을 통해 볼 수 있습니다.

성읍민속마을 통싯담

제주도 전통 가옥에는 똥돼지를 키웠던 통시가 있습니다. 이곳은 사람의 화장실과 돼지 집이 일체화된 공간입니다. 통시의 구조는 사람이 볼일을 보는 곳, 돼지가 사는 집(돼지우리), 돼지가 돌아다니는 곳 등으로 되어 있습니다. 이들 셋 중 볼일 보는 곳이 가장 작습니다. 통시의 주인은 돼지이고, 사람은 거기를 잠시 이용하는 손님에 불과하기 때문입니다. 사용료가 똥인 셈입니다. 이런 목적의 통시이기 때문에 그것을 만드는 것도 돼지 중심입니다. 통싯담 구조를 일반화 할 수는 없습니다. 여기서는 성읍민속마을에 있는 통싯담을 대상으로 그 특징을 살펴보겠습니다.

▲ 통싯담(성읍민속마을 고창환 고택)

통시 안에는 돼지가 사는 집이 있습니다. 이곳은 돼지들이 드나들 수 있는 반폐쇄적 구조이고, 고깔 모양의 짚으로 엮은 지붕이 덮여있습니다. 돼지우리를 중심으로 반원형의 돌담이 있습니다. 이를 통싯담이라 부릅니다. 통싯담과 돼지우리 사이의 넓은 공간에는 돼지들이 놀 수 있게 짚을 깔아둡니다. 똥만 먹고 살 수 없으니 다른 음식도 여기에 줍니다.

▲ 통싯담 좌측 끝에 있는 화장실(성읍민속마을 고창환 고택)

사람이 볼일을 보는 곳은 통싯담이 돼지우리와 만나는 부근, 즉 통싯담의 끝에 있습니다. 대・소변 보는 곳을 이곳에 위치시킨 것은 집밖에서는 보이지 않되, 집안에서는 보이도록 하기 위해서입니다. 다른 사람들은 알 필요 없지만 가족들은 누가 이용하는지 알아야 하기 때문입니다. 볼일 보기 위해 쪼그려 앉으면 통싯담 높이가 사람 눈높이와 비슷해집니다. 이는 볼일을 보는 동안 외부 감시가 가능하도록 하기 위해서입니다. 칸막이 같은 것은 없습니다.

볼일 보는 곳은 돼지가 드나들 수 있도록 되어 있습니다. 사람이 앉아 볼일을 보면 똥이 밑으로 떨어질 공간이 있어야 하고, 돼지가 똥을 먹기 위해 들어올 공간이 있어야 하기 때문입니다. 이를 위해 통시의 외측 벽에는 돌들을 연속적이고, 층층이 촘촘하게 쌓습니다. 볼일 본 것이 밖으로 흘러나오지 않도록 하기 위해서입니다. 반면 내측 벽의 돌담은 불연속적으로 쌓습니다. 앞에서 애기하였듯이 볼일 볼 공간이자 돼지의 식당이 될 공간을 확보하기 위해서입니다. 불연속적으로 쌓은 돌 간의 간격은 돼지가 드나들 수 있을 정도입니다. 불연속인 돌 사이는 길고 넓은 돌로 다리처럼 연결해 두었습니다. 볼일을 볼 때, 한발은 외측 돌 위에 놓고, 다른 한발은 내측 돌 위에 놓습니다. 안정된 자세로 통싯담 밖을 감시하면서 돼지를 위해 볼일을 볼 수 있습니다.

▲ 통싯담 속의 화장실 모습(성읍민속마을 고창환 고택)

볼일을 볼 때는 막대기를 들고 봅니다. 볼일 보는 동안에 돼지들이 밑으로 들어오는 것을 막기 위해서입니다. 혹 돼지가 몸을 흔들면 돼지 몸에 묻는 똥이 사방으로 튀기 때문이고 돼지가 밑에 있으면 이상하잖아요.

사려니 숲의 잣성

삼나무 숲으로 유명한 사려니 숲길에 가면 이상하고 재미있는 돌담이 있습니다. 아마 대부분의 사람들은 돌담이 있는지 모를 것입니다. 삼나무 숲길의 끝 부근, 외진 곳에 있기 때문입니다.

▲ '미로 숲길' 첫 번째 표지판과 입구

이 돌담은 '미로 숲길'에 있습니다. 사려니 숲 탐방 안내소를 지나 도로를 따라 3분쯤 걸어가면 길 왼쪽 편에 '미로 숲길 입구'라는 첫 번째 표지판이 있습니다. 이곳에서부터 삼나무 숲 속으로 산책할 수 있는 나무데크로 된 길이 있습니다. 이 길을 따라 삼나무 숲 사이로 가다보면 나무데크 길 옆 쪽으로 멍석길이 나옵니다. 붉은오름의 남쪽 기슭을 따라 만들어 놓은 멍석길을 따라 3분 정도

가면 삼나무들 속에 돌담이 보입니다. 산책로에서 30m 정도 떨어져 있어 의도적으로 살피지 않으면 잘 보이지 않습니다. 남북으로 길게 발달해 있는 돌담은 높이가 0.7~1m, 폭은 0.6~1m 정도 됩니다. 돌담을 쌓은 돌들은 직경이 50~80cm 정도 되는 돌과 이보다 작은 돌들이 같이 쌓여 있습니다. 돌담은 간혹 무너진 곳도 있지만 남북으로 길게 연결되어 있습니다. 돌담이 끝나는 곳은 '미로 숲길' 두 번째 표지판이 있는 부근입니다. 도로로 인해 끊겼던 돌담은 도로 건너 오름 기슭에서 다시 나타납니다. 그러나 여기서부터 돌담은 그다지 크지도 연속적이지도 않습니다.

▲ '미로 숲길' 두번째 입구가 있는 멍석길 우측에 돌담

삼나무가 빽빽이 우거진 숲 속에 왜 돌담이 있는 것일까요? 주위를 둘러보아도 돌담을 쌓을 이유가 없는데, 참 생뚱맞은 돌담입니다.

대부분의 돌담은 특정 지역을 둘러싸고 있습니다. 돌담이 둘러싸고 있는 대상을 보면 돌담의 목적도 알 수 있습니다. 집을 둘러싸고 있는 집담, 밭을 둘러싸고 있는 밭담, 무덤을 둘러싸고 있는 산담, 돼지우리를 둘러싸고 있는 통싯담 등은 목적이 명확하고, 돌담의 구조도 분명합니다. 그런데 사려니 숲에 있는 돌담은 나무들 사이에 있고, 길이도 아주 깁니다. 오름의 기슭을 따라 낮은 곳에서 높은 곳으로 연결되어 있습니다. 무엇을 둘러싸고 있지도 않습니다. 왜 여기에, 이런 형태의 돌담이 있는지 의문스럽기 그지없습니다.

▲ 사려니 숲의 '미로 숲길'에 있는 돌담 1

▲ 사려니 숲의 ‘미로 숲길’에 있는 돌담 2

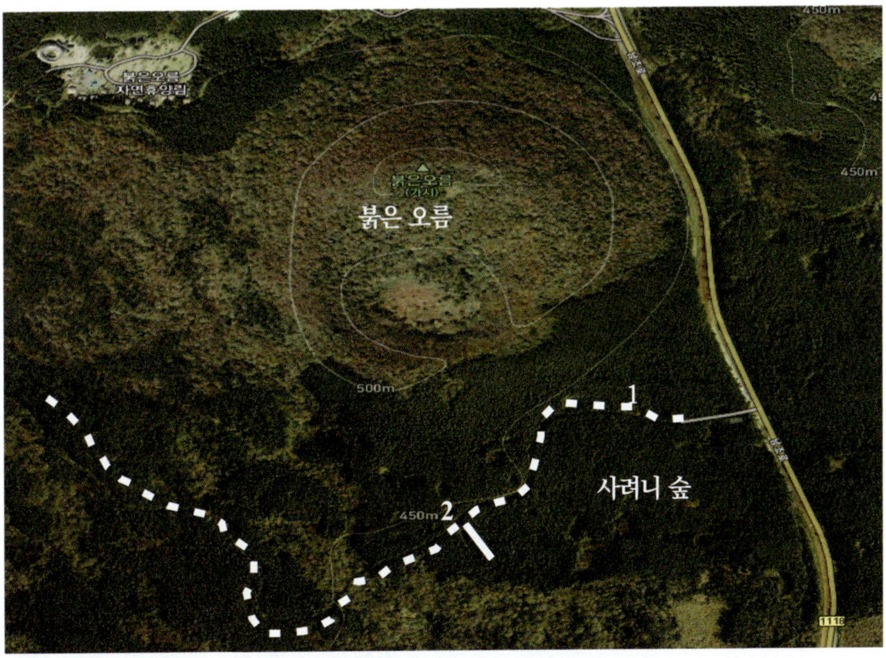

▲ 붉은 오름과 사려니 숲(흰색 점선: 사려니 숲 도로, 흰색 직선: 돌담, 1: 미로 숲길 첫 번째 입구, 2: 미로 숲길 두 번째 입구)

집, 밭, 무덤, 돼지우리, 이들은 제주 사람들의 삶에 중요한 것들입니다. 그래서 이들을 위한 담이 있습니다. 이들 외에 중요한 것이 또 있습니다. 목장이 그것입니다.

제주도에는 말이 많습니다. 날씨가 온화하고, 사나운 짐승이 없고 넓은 초원이 있어 말을 사육하기에 더 없이 좋은 환경입니다. 강만익(2018)에 의하면 고려 시대에는 원의 세조인 쿠빌라이(1215~1294)의 명으로 현재의 성산읍 수산리 수산평에 말 160필, 소, 양, 낙타, 나귀 등 다섯 종류의 가축을 길렀습니다. 수산평에 있었던 탐라도 목장은 원나라 14개 황가 목장 중 하나로 성장하였습니다. 조선시대에는 고려 시대 목장을 재건하여 활용하였습니다. 세종은 한라산에 돌담을 쌓아 목장을 설치하자는 제주 사람 고득종의 건의를 받아들여 '제주한라산목장'을 개축합니다. 이때부터 본격적인 국영 목장이 설치되었습니다.

목장 주변에 돌담을 쌓으면 자유 방목으로 발생하는 농작물 피해를 예방할 수 있습니다. 따라서 목장을 위한 돌담 중 가장 먼저 쌓은 곳은 목장 아래쪽입니다. 농민들의 농경지(또는 거주지)와 목장지를 구분하기 위해서입니다. 이때가 1400년대 초반이었습니다. 1700년대 후반에는 한라산 밀림으로 말들이 들어가 동사하거나 잃어버리는 사고를 막기 위해 목장의 위쪽 경계부에도 돌담을 쌓았습니다. 그리고 목장간의 경계를 위해 남북으로 돌담도 쌓았습니다. 이처럼 목장의 경계 설정, 관리와 운영의 효율성을 위해 돌로 만든 울타리를 '잣성'이라 부릅니다. 이것은 위치에 따라 상잣성, 중잣성, 하잣성, 그리고 목장의 경계를 설정하는 간성이 있었습니다. 잣성의 높이는 대체로 110~170cm, 폭은 60~20cm였다고 합니다. 축성 당시는 이보다 높았을 가능성이 있습니다(강만길, 2018, 335~350).

잣성은 목장의 울타리 역할을 하기 때문에 아주 넓은 땅을 둘러싸고 있으며, 돌담의 길이도 아주 깁니다. 사려니 숲에 있는 돌담도 특정 지역을 둘리싸지 않고 산기슭의 낮은데서 높은 쪽으로 길게 발달해 있습니다. 돌담이 있는 사려니 숲은 붉은오름의 남쪽 기슭입니다. 이곳은 경사가 완만합니다. 이런 특성으로 볼 때, 이 곳 돌담은 잣성일 가능성이 높습니다. 잣성 중에서도 목장지의 경계 역할을 한 간장(間牆)이 아니었는지 모르겠습니다. 만약 그러하다면 현재의 사려니 숲에는 과거 어느 시기에 목장이었다는 것이 됩니다. 사려니 숲의 산책로 고도가 430~450m 정도이니 이곳은 전형적인 중산간 지역입니다. 사려니 숲의 삼나무들은 대부분 1970년대 인공적으로 조림한 것입니다. 이런 특징으로 볼 때, 이곳은 목장지로 좋은 조건을 갖고 있습니다. 이런 여러 가지 이유로 볼 때, 과거 어느 시기인가 사려니 숲 지역은 목장으로 이용되었고, 돌담은 그때 만든 잣성의 잔재가 남아있는 것으로 볼 수 있습니다.

오늘(8. 6) 제주대학교 수의과대학에 있는 신태균 교수와 점심을 먹다가 잣성 이야기를 하니 옛날에 사려니 숲에 목장이 있었다는 이야기를 하였습니다. 사려니 숲의 미로의 숲에 있는 돌담은 잣성일 가능성이 더욱 높아졌습니다.

3

올레

사진: 올레 7코스

올레를 위한 올레 걷기

사람이 사는 마을에는 길이 있습니다. 마을과 마을을 연결하는 큰길이 있고, 그 곳에서 마을로 들어가는 골목길이 있습니다. 하나의 골목길에서 또 다른 골목길이 갈라지기도 합니다. 골목길을 따라 들어가면 마을 사람들이 사는 집이 나옵니다. 큰길, 골목길 그리고 집들의 관계는 마치 나무줄기(큰길)에서 가지들(작은 골목)이 뻗어나가고, 가지들에 나뭇잎(개인 집)들이 붙어있는 것과 같습니다. 이런 관계로 골목길은 큰길에서 집으로, 집에서 큰길로 나가는 점이 지대입니다. 사적 공간과 공적 공간을 연결하는 고리인 셈입니다.

▲ 성읍민속마을 고창환 고택의 올레(골목길에서 집으로 들어가는 길)

▲ 성읍민속마을 관청 할망(안할망) 올레(골목길에서 안할망 집으로 들어가는 올레

돌과 바람이 많은 제주도에는 육지 마을에서 보기 힘든 '올레'라 부르는 독특한 길이 있습니다. 이것은 마을 속의 골목길에서 개인 집으로 들어가는 통로입니다. 다시 말해 집으로 들어가는 입구의 양편으로 좁고 길게 돌담을 쌓아 골목처럼 만든 길입니다, 집에 따라서 올레는 짧기도 하고, 길기도 합니다. 개인 집의 올레는 짧지만, 관청 할망(고을 관청 안에 있는 무속신앙의 기도처)처럼 공공성이 있는 집이 골목길 안 쪽 깊숙이 있을 경우는 올레가 길기도 합니다. 어째든 올레는 집의 내부와 외부를 연결하는 의도적 공간입니다. 또한 바람이 집으로 들이치는 것을 완만하게 흩어지게 하는 역할도 합니다(김유정, 2015).

이런 의미의 '올레'라는 이름을 여행 상품으로 만들었습니다. 관광지는 특별한 곳이어야 한다는 생각을 버리고 지극히 일상적이고, 평범한 골목길을 여행 코스로 만든 것입니다. 물론 올레 코스 가운데 아름다운 자연 경관도 많습니다.

▲ 조천 항구에 있는 올레 18 코스와 집담

대박이 터졌습니다. 올레 걷기로 불리는 이것은 제주 여행의 새로운 상징이 되었습니다. 제주 여행의 패러다임을 바꾸었고, 전국적으로 걷기 여행 열풍을 일으켰습니다. 다른 지자체들도 올레와 비슷한 걷기 좋은 길을 만들었고, 만들고 있습니다. 일본에 수출까지 하였습니다. 이 같은 현상은 올레 걷기가 점차 개별화, 일상화되는 여행, 관광이 아니 휴식과 건강을 위한 여행, 그리고 지역 주민과 밀착하는 여행의 흐름과 맥을 같이 하기 때문인 것 같습니다.

기존 여행은 한라산, 일출봉, 오름, 산방산, 정방폭포, 민속촌과 같이 화산섬인 제주를 대표하거나 제주의 아름다움을 간직한 곳, 또는 제주의 문화를 의도적으로 만들거나 보전하여 모아놓은 곳들을 중심으로 이루어졌습니다. 이들 중에서도 특히 화산 지형이 제주를 대표합니다. 화산 지형들은 육지에서 볼 수 없는 제주만의 독특한 특성이기 때문입니다.

이런 지형들을 관광지로 만들었기 때문에 이곳은 다분히 공적인 공간입니다.

제주로 오는 모든 사람에게 열려있는 공간이고, 누구나 갈 수 있고, 볼 수 있는 곳입니다. 반면 마을에 있는 올레는 개인 집으로 연결된다는 측면에서 사적인 공간에 가깝습니다. 마을 사람들의 일상이 이루어지는, 그래서 다소 제한된 사람을 위한 공간입니다. 이런 성격의 올레를 답사한다는 것은 제주의 마을 공동체 속으로, 그리고 개인의 삶의 공간으로 들어간다는 것을 의미합니다.

누구의 눈치를 보지 않고, 자유롭게 그리고 긴 시간 동안 머물면서 감상하고, 즐기는 관광지와 달리 올레에서는 마을 사람들의 일상 삶을 방해하지 않도록 조심스럽게 살펴야 합니다. 그래서 올레는 머무는 곳이 아니라 지나가는 곳입니다. 지나가면서 제주인들의 일상과 그들이 만든 문화와 역사를 살핍니다. 올레는 조심스럽게 걷습니다. 공적으로 허락받지는 않지만 마음으로 허락받듯이 걷습니다.

마을 속 올레를 지나면 마을 사람들의 생활터전인 바다와 밭으로 난 길을 만납니다. 이런 길들을 걸으면서 제주의 역사, 문화, 신화, 자연을 보고, 그것의 의미들을 이해하고, 느끼는 것이 올레길 걷기입니다. 제주의 특징, 특히 오랜 세월 누적되어 발현되는 역사와 문화를 걸어가면서 이해한다는 것은 쉬운 일이 아닙니다. 올레를 통해 제주의 역사와 문화를 이해하기 위해서는 제주 사람들의 삶의 특징, 그와 관련된 마을의 역사, 문화, 지리적 특징에 대한 선행 이해가 필요합니다.

주제가 있는 올레 걷기

올레의 길이는 코스에 따라 다소 차이가 있지만 대개 15~20km 정도 됩니다. 도보로 4~7시간 소요되니 상당히 먼 거리입니다. 걷기가 습관이 된 사람에게도 이 거리는 무리인데, 일반인들에게는 상당히 힘든 거리입니다. 일반인들에게는 4km 정도가 적당할 것 같습니다. 이조차 차를 가지고 여행한다면 주차장까지 왕복하니 거리는 배가 됩니다. 이 때문에 올레 완주가 목표가 아니라면 올레마다 코스를 대표하는 장소들을 중심으로 걷는 것이 좋습니다.

대표적 장소에는 지형도 있고, 유적도 있으며, 제주를 상징하는 문화적·생태적 장소도 있습니다. 예를 들면 개인적 생각입니다만, 올레 7코스의 핵심은 외돌개이고, 8코스의 중심은 대포 주상절리이며, 10코스는 산방산입니다. 따라서 이들 올레를 걷고자 한다면 앞에서 애기한 지형들을 가장 잘 볼 수 있는 구간을 올레 코스로 선정하는 것이 좋습니다.

▲ 올레 7코스의 핵심인 외돌개 전경

▲ 올레 8코스의 핵심인 주상절리

▲ 올레 18코스의 조천 포구에 있는 조천진과 연북정

올레 중에 있는 의미로운 장소를 코스에 포함하는 것도 필요합니다. 예를 들어 18코스의 화북항 지역에서는 화북 환해장성과 별도 연대를, 18코스의 조천항 지역에서는 조천 용천 지역과 연북정을, 올레길 21코스에서는 하도리의 갯담을, 올레길 15-A 코스에서는 애월 곶자왈(금산공원)이 포함되도록 구성하는 것도 좋습니다.

▲ 올레 18코스에 있는 조천 포구의 개낭개 남탕(썰물 때 모습)

간혹은 올레에서 잠시 벗어나 주변에 있는 지형적·역사적·문화적으로 의미로운 장소를 살피는 것도 좋습니다. 예를 들면 올레 15-B 코스가 있는 애월항 주변에는 삼별초와 관련된 애월 환해장성이 있고, 조선 시대 왜구들의 침입을 감시하였던 애월 연대가 있습니다. 올레길 20코스의 구좌읍 월정리에는 세계농업문화유산에 선정된 진빌레 밭담길과 그 토대가 된 사구가 있습니다. 올레 3코스에서는 온평 환해장성과 신산 환해장성을 보기 위해 기존 올레 코스를 벗어나 온평 해안도로를 따라 걷는 것도 괜찮습니다. 올레만 걷지 말고, 주변의 또 다른 의미로운 장소를 찾아 답사하는 것도 좋습니다.

이처럼 특정 올레를 걷고자 한다면 먼저 올레 상에, 또는 올레 주변에 지형적으로, 역사 문화적으로, 혹은 생태적으로 의미로운 장소를 찾아야 합니다. 그리고 이들을 중심으로 왕복, 혹은 편도로 적절한 코스를 결정해야 합니다. 무리하지 않을 정도의 거리에서 의미있는 장소를 포함하면 올레 걷기는 더욱 의미로워 집니다.

▲ 올레 15-B코스에서 북쪽으로 250m쯤 떨어진 애월 연대

올레 걷기 코스를 정할 때, 고려했으면 하는 것은 경치 좋은 카페에서의 여유로운 차 한 잔입니다. 그 곳에서 아름다운 경치를 즐기면서 여행의 피로를 풀거나 새로운 걷기를 위한 충전을 할 필요가 있습니다. 카페의 위치는 걷기의 종착지나 반환점 정도에 있으면서 조용하고, 경치 좋은 곳이 좋습니다.

올레에는 제주의 자연, 제주의 역사와 문화, 제주인의 삶이 담겨있습니다. 따라서 '올레를 걸어보았다 또는 올레를 완주했다'라는 것도 좋지만 제주의 자연과 인문 속으로 들어가 제주를 이해할 목적으로 걷는 것도 좋습니다. 그리고 올레는 천천히 걷는 것이 좋습니다. 올레에 담겨 있는 역사적·문화적·지형적 의미를 이해하고, 그것들과 관련된 제주인들의 삶을 음미하기 위해서입니다.

■ 제주 올레(출처: 관광 안내소 올레길 전체 지도)

올레 코스 번호와 이름	구간	길이	시간
1코스, 시흥~광치기 올레	시흥초등 ↔ 광치기해변	15.6km	4-5시간
1-1코스, 우도 올레	천진항(하우목동항) ↔ 천진항(하우목동항)	15.9km	4-5시간
2코스, 광치기~온평 올레	광치기해변 ↔ 온평포구	18.1km	5-6시간
3코스, 온평~표선 올레	온평포구 ↔ 표선해비치해변	20.7km	6-7시간
4코스, 표선~남원 올레	표선해비치 해변 ↔ 남원포구	22.9km	6-7시간
5코스, 남원~쇠소깍 올레	남원포구 ↔ 쇠소깍	14.7km	4-5시간
6코스, 쇠소깍~외돌개 올게	쇠소깍 ↔ 외돌개올레안내소	14.4km	4-5시간
7코스, 외돌개~월평 올레	외돌개올레안내소 ↔ 월평마을	13.8km	4-5시간
7-1코스, 월드컵 경기장~외돌개 올레	외돌개올레안내소 ↔ 서귀포월드컵경기장	15.1km	4-5시간
8코스, 월평~대평 올레	월평마을 ↔ 대평포구	15.2km	4-5시간
9코스, 대평~화순 올레	대평포구 ↔ 화순금모래해변	8.2km	3-4시간
10코스, 화순~모슬포 올레	화순금모래해변 ↔ 하모체육공원	14.8km	4-5시간
10-1코스, 가파도 올레	상동포구 ↔ 상동포구	5km	1-2시간
11코스, 모슬포~무릉 올레	하모체육공원 ↔ 무릉생태학교	18km	6-7시간
12코스, 무릉~용수 올레	무릉생태학교 ↔ 당산봉	17.5km	5-6시간
13코스, 용수~저지 올레	용수포구 ↔ 저지마을회관	16.4km	4-5시간
14코스, 저지~한림 올레	저지마을회관 ↔ 한림항	19.3km	6-7시간
14-1코스, 저지~무릉 올레	저지마을회관 ↔ 무릉생태학교	18.8km	5-6시간
15코스, 한림~고내 올레	한림항 ↔ 고내포구	19km	6-7시간

올레 코스 번호와 이름	구간	길이	시간
16코스, 고내~광령 올레	고내포구 ↔ 광령1리사무소	17.8km	5-6시간
17코스, 광령~산지천 올레	광령1리사무소 ↔ 동문로타리산지천마당	18.4km	6-7시간
18코스, 산지천~조천 올레	동문로타리산지천마당 ↔ 조천만세동산	18.8km	6-7시간
18-1코스, 추자도 올레	상추자도항(신양항) ↔ 상추자도항(신양항)	17.7km	6-7시간
19코스, 조천~김녕 올레	조천만세동산 ↔ 김녕서포구	18.8km	6-7시간
20코스, 김녕~하도 올레	김녕서포구 ↔ 해녀박물관	16.5km	5-6시간
21코스, 하도~종달 올레	해녀박물관 ↔ 종달바당	10.7km	3-4시간

V

제주인의 삶 살피기

사진: 물허벅의 물을 물독에 붓는 모습(출처: 제주민속자연사박물관)

1

용천

사진: 제주시 조천읍 신촌 용천

용천과 제주인의 삶

상수도가 개발되기 전, 제주인들에게 물은 육지인들이 상상할 수 없을 정도로 귀한 존재였습니다. 하천 바닥의 물과 웅덩이의 물도 식수로 이용하였습니다. 비를 하늘이 내려준 귀한 물이라는 의미로 '봉천수'라 불렀습니다. 이런 제주에서 지하수가 솟아나는 용천은 세상에서 더 없이 중요한 곳입니다.

제주인의 삶과 용천의 관계를 정광중 교수(2016)는 다음과 같이 제시하였습니다. 제주 사람들은 매일 아침과 저녁에 용천으로 물을 기르러 갑니다. 하루의 시작과 끝이 용천에서 물을 깃는 것입니다. 귀한 물을 조금이라도 더 모으기 위해 아이들도 초등학생 때부터 물을 담는 용기인 '허벅'에 용천수를 담아 집으로 가져갑니다. 이를 '물허벅지기'라고 합니다. 물 깃기는 여자들의 몫이기 때문에 여자 아이들은 시집갈 때쯤 되면 물허벅지기한 물을 쏟지 않고 항아리에 옮길 수 있을 정도가 되도록 물긷기를 생활화합니다.

▲ 산지천변의 용천 전경(출처: 제주상수도개발 60년사)

▲ 용천에서 물을 깃고, 빨래하는 모습(출처: 제주도상수도개발 60년사)

빨래도 용천에서 합니다. 빨래, 특히 담요, 이불, 겨울에 모아두었던 옷가지를 빨 때면 어머니, 할머니들이 모여 단체로 빨래하는 진풍경이 벌어집니다. 이때 온갖 집안 대소사 이야기들이 오고갑니다. 같이 울고, 웃고, 고민합니다. 온갖 정보가 오고가는 곳이 용천입니다. 마을 사랑방이자 스트레스 해소처이기도 합니다.

집마다 있는 텃밭에서 딴 채소는 용천에 씻고, 다듬습니다. 다듬은 채소 찌거기들은 용천을 사용할 다른 사람들을 위해, 그리고 용천수가 배수되는 배수구가 막히지 않도록 깨끗이 정리합니다. 그 속에서 공동체 정신을 배웁니다.

제주도 아이들은 어릴 때부터 바다에서 놉니다. 수영 후 가는 곳이 용천입니다 그 곳에서 바닷물을 씻어냅니다. 용천에서 몸을 씻고, 집으로 가서는 용천에서 가져온 물을 먹고, 용천수로 지은 밥과 씻은 채소로 식사를 합니다.

용천에서 나온 물이 곧장 바다로 흘러가기 때문에 용천수를 효율적으로 사용합니다. 용천수가 흐르는 수로를 대개 세 구간으로 나누어 용천수가 나오는 첫 구간은 먹는 물로, 그 아래의 두 번째 구간은 채소 씻는 물로, 세번째 구간은 빨래하는 물로 활용합니다. 마지막엔 이 물을 목욕에 이용합니다. 남자 목욕탕은 따로 만듭니다. 이처럼 용천은 제주 사람들의 삶은 떼려야 뗄 수 없는 사이였습니다.

▲ 용천(신촌 북 2길)에서 채소 씻는 모습(둥근 담장이 있는 곳은 목욕탕이다)

제주도 용천의 92%는 해발 200m 이하의 저지대에 있고, 이들 중 72%는 10m 이내에 있습니다(제주도, 1999). 용천의 대부분이 해안가에 있는 셈입니다. 오늘(4.17) 조사한 바에 의하면 조천항의 해수면은 밀물 시 2m 정도 상승합니다. 이 때문에 밀물 시에 조천 항 주변의 용천들은 바닷물에 잠깁니다. 썰물이 되어 바닷물이 빠져나간 후에 사용할 수 있습니다. 이런 변화가 하루에 두번씩 일어납니다. 용천수를 사용할 수 있는 시간은 제한적일 수밖에 없습니다. 썰물 때를 맞추어 물을 기르고, 빨래를 하고, 채소도 씻고, 때론 목욕도 해야 합니다. 일상이 바쁠 수밖에 없습니다. 다른 일을 하다가도 썰물 때에는 용천으로 가야 합니다. 이러하니 사진에서 보듯이 용천은 모여든 아이, 어른들로 콩나물시루 같이 북적였습니다.

▲ 조천항 도릿물의 밀물 때 모습

▲ 조천항 도릿물의 바닷물 빠지는 모습

▲ 조천항 도릿물의 썰물 때 모습

물과 여성의 삶

조선왕조실록 탐라록에는 '정의현(성읍민속마을이 있는 지역) 사람들은 15리(6km)밖에서 물을 길러온다'라고 되어 있습니다(제주특별자치도, 2018). 기록에 따르면 정의현 사람들은 물을 길러오기 위해 왕복 30리를 다녔습니다. 매일 아침, 저녁 두 번 물을 기르니 하루에 60리를 걷는 셈입니다. 현의 중심이 이러한데 그 외의 중산간 지역 사람들은 더 힘들었을 것입니다. 가뭄이나 갈수기 때는 수십 리 밖으로 물을 길러오는 것은 다반사였습니다. 상상 이상으로 고단했을 것입니다.

용천이 있는 지역을 제외하고는 먼 거리로 물을 길러 다니는 제주도는 돌이 많고, 바람이 많이 불어 육지에서처럼 많은 물이 담긴 물통을 머리에 이고 걷는 것은 쉽지 않습니다. 물이 부족한 중산간 지역 사람들은 언덕 위로 올라가야 하는 어려움까지 있습니다. 이런 환경으로 제주 사람들은 '물구덕'이라 불리는 대나무 통에 '물허벅'이라 부르는 물 항아리를 담아 등에 매고 운반했습니다. 이들은 많은 양의 물을 안전하고, 편리하게 먼 거리까지 운반하려는 고민의 결과로 만든 것 같습니다.

▲ 물허벅과 물구덕(출처: 제주민속자연사박물관)

등에 짊어진 채로 물허벅의 물을 정확히 물독에 붓는 것은 상당한 기술과 경험을 요합니다. 그래서 초등학교 저학년 정도의 어릴 때부터 물을 긷고 붓는 것을 생활화 합니다. 물긷기는 전적으로 여자들의 몫입니다. 이뿐만 아니라 용수원을 관리하는 것도 여자들의 몫이었습니다(제주특별자치도, 2018). 고단하기 그지없는 일상이었습니다.

▲ 물허벅에 물을 지고 오는 모습(출처: 제주상수도개발 60년사)

노인들과 얘기하다보면 어릴 때 가장 많이 들었던 얘기가 '물 많이 쓰지 마라'는 것이었다고 합니다. 물이 귀해서 물을 아끼라는 이야기를 귀가 따갑도록 들었다고 합니다. 물이 귀한 지역일수록 여자들의 일상이 얼마나 힘들었을지 충분히 상상됩니다.

상수도 개발로 더 이상 용천에서 물을 긷지 않아도 되었습니다. 상수도는 제주도 여성의 삶에 획기적 변화를 가져다주었습니다.

▲ 물허벅의 물을 물독에 붓는 모습(출처: 제주민속자연사박물관)

▲ 용천에 물을 긷기 위해 기다리는 모습(출처: 제주상수도개발 60년사)

새촘과 하천수[14)]

오늘(5.14)은 용천이 거의 없는 중산간 지역 사람들의 삶을 조사하기 위해 성읍민속마을, 신풍리, 삼달리를 답사했습니다. 놀랍게도 정의읍성이 있었던 성읍민속마을에는 우물이 없습니다. 성의 입지에서 가장 중요한 것이 우물인데 말입니다. 용천이 없음에도 읍성을 축성한 것을 보면 이 곳 사람들은 자신들만의 방법으로 식수를 구한 것 같습니다.

▲ 새촘(출처: 국립제주박물관, 2017)

14) 새촘과 하천수는 송언근(2020), '지리로 가는 제주의 역사, 문화, 생태 답사'를 토대로 재구성한 것임.

첫째는 빗물을 이용하는 것입니다. 제주도 사람들은 짚을 엮어 한쪽은 나무에 묶고, 다른 쪽은 항아리에 넣어 물을 모았습니다. 이를 '새촘'이라 합니다. 집집마다 항아리를 나무 밑에 두고 빗물을 모았습니다. 비가 올 때면 금방 항아리에 물이 찹니다. 둘째는 하천 물을 이용하는 것입니다. 제주도의 하천은 평소에는 물이 흐르지 않습니다만 비가 오면 많은 물이 흐릅니다. 그런데 짧은 유로와 급한 경사, 그리고 지질적 특성으로 하루 이틀 지나면 건천이 되지만 하상 바닥의 웅덩이에는 많은 물이 고입니다.

새촘으로 모은 물이 없어지면 마을 사람들은 하천에 고인 물을 생활용수로 사용하였습니다. 아침 일찍 이 곳에 와서 물을 길렀습니다. 하천 물구덩이의 물조차 먹는 곳, 채소 씻는 곳, 빨래하는 곳. 목욕하는 곳으로 나누어 사용했습니다. 물이 귀한 곳이라 그런 것 같습니다. 정의읍성 옆에는 제주도에서 가장 긴 천미천이 흐릅니다. 성읍마을 사람들은 주로 이 하천의 물을 이용했습니다.

▲ 천미천 하상의 물웅덩이

셋째는 다른 지역으로 가서 물을 기르는 것입니다. 제주도에 빗물을 모은 웅덩이가 있습니다. 자연적으로 생긴 것도 있지만, 마을 사람들이 만든 웅덩이도 있습니다. 여기에 모인 물을 제주도 사람들은 '봉천수'라고 부릅니다. 하늘이 준 물이라는 뜻입니다. 정의 읍성 사람들은 빗물과 하천의 물까지 없으면 10여 리 떨어진 삼달리의 메미못으로 물을 기르러 갔습니다. 이처럼 매일 먼 거리를 물을 기르러 다녔습니다. 그래서 우스개로 육지 사람들은 제주도 여자를 금방 알아본다는 얘기가 있습니다. 매일 물을 기르러 다녀 종아리가 튼튼하기 때문이라고 합니다.

▲ 삼달리에 있는 봉천수인 메미못

오늘날은 '삼다수'라는 우리나라를 대표하는 지하수를 사용하는 제주도이지만 상수도가 개발되기 전 제주도, 특히 중산간 지역은 물을 찾아 몇십리를 가는 지금의 아프리카와 비슷했습니다. 마을 사람들의 얘기로는 국민학교 마치고

집에 오면 가장 먼저 하는 것이 물 길러 가는 것이었답니다. 어린아이라서 한 번에 길러오는 양은 세숫대야에 채울 정도였다고 합니다.

인간이 자연 환경에 적응하는 것은 살기 위해서 입니다. 살기 위해 탐구하고, 살기 위해 창의적 생각을 합니다. 목숨이 걸린 것이니 탐구도, 창의도 치열하게 합니다. 그 결과, 오늘날 제주도는 우리나라에서 가장 맛있는 물을 먹습니다.

금산수원지

1938년 일본 중앙공업시험소가 발간한 「제주도 수원조사 개보」에는 '주민들은 지상의 오물로 인한 오염과 저수지에 떨어진 부패물에서 발생한 유해 미생물 등으로 전혀 식수로 사용할 수 없는 물을 사용하고 있어 사계절 대장균계 전염병이 유행하는 상태이며, 음료수에 원인이 있을 것으로 생각되는 풍토병이 존재하는데 확인된 것으로는 인구의 약 8%가 나병환자(제주특별자치도, 2018)'라는 내용이 있습니다. 나병 환자에 대한 내용은 세종실록 27년 11월 기록에도 나옵니다. '제주에 나병이 유행하여 그 병에 걸린 자가 있으면 전염되는 것을 우려하여 해변에 사람이 없는 곳에 두므로, 그 고통을 견디지 못하고 절벽에 떨어져 목숨을 끊으니 불쌍하여 제주 목사 기건(~1460)이 스님으로 하여금 뼈를 거두어 묻게 하고, 삼읍에 치병소를 두어 이에 치료에 힘썼다(김유정, 손명철, 2007)'라는 기록이 있습니다. 당시의 나병도 물에서 비롯되었는지 모를 일입니다.

제주도 물의 위생 문제는 제주도립위생시험소가 1961년 5월부터 1964년 10월까지 총 562개소의 식수원에 대한 수질 검사에서도 나타납니다. 조사 결과, 우물, 봉천수(빗물을 모은 웅덩이의 물)의 45.2%가 음용으로 부적합했습니다(제주특별자치도, 2018). 그럼에도 어쩔 수 없이 대다수 주민들은 비위생적인 물을 식수로 사용함으로써 수인성 전염병에 심각하게 노출되어 있었습니다. 1960년대가 이러했으니 그 이전은 더 힘들었을 것입니다.

제주도는 물이 지하로 쉽게 스며드는 현무암의 특성상 필연적으로 발생하는 물 부족 문제에 더하여 음용에 부적합한 물까지 먹어야 하는 문제를 갖고 있습니다. 이 문제는 제주 주민들에게는 숙명과도 같습니다. 이것이 해결되지 않는 한 제주 주민 삶의 질 개선은 요원합니다. 따라서 제주도에서 해야 할 가장 중요한 과제는 물 부족의 해소와 오염되지 않은 물을 위한 상수도 개발입니다.

동문시장에서 제주항으로 흐르는 산지천 하류에 가면 '제주 물 사랑 홍보관'이 있습니다. 이곳은 제주 최초의 상수도인 '금산수원지'가 있었던 곳입니다. 해식애인 금산의 절벽 아래 세워진 이곳은 제주도 최초의 근대식 상수도사업으로 만든 수원지입니다. 이 지역은 옛날부터 용천수가 풍부하고 물맛이 좋기로 소문난 곳입니다.

▲ 물사랑 홍보관 옆에 있는 용천(지장깍 물)과 금산의 절벽

지하수는 말 그대로 지하의 암반 속에 있는 물입니다. 그것이 지표로 나오려면 어떤 요인에 의해 물이 들어있는 지층(대수층이라 부릅니다)이 밖으로 노출되어야 합니다. 그런 장소 중 한 곳이 절벽입니다. 절벽의 전면에는 지층이 노출되어 있습니다. 운 좋으면 노출된 지층에서 지하수가 흘러나옵니다. 금산수원지가 있는 금산이 그런 곳입니다. 절벽 아래에는 금산물, 노리물, 지장깍물, 산지물 등 여러 용천이 있습니다. 절벽이 있고, 바다에 인접해 경치가 좋습니다. 물이 귀한 제주인데 용천수까지 풍부합니다. 이런 곳에는 정자가 있습니다.

아닌 게 아니라 110여 년 전에 집수정이 있었던 부근에 만들었던 '영은정'이라는 정자에는 많은 시인묵객들이 묵어갔습니다.

옛날부터 물 좋기로 소문난 이 곳 물중에서도 금산물 용천수를 상수도로 개발, 이용하는 계획을 세웠습니다. 금산물을 모으는 집수정(직경10m 내외, 깊이 4~5m)을 만들고, 집수한 물을 소독하여 양수기로 수원지에서 동쪽으로 약 2km 정도 떨어진 사라봉 남측 자락에 배수지를 만들어 이곳으로 보내고, 여기서 제주 시민(당시 50,000명)에게 급수하려는 사업입니다.

▲ 금산수원지의 원천수였던 금산물과 수로(왼쪽 건물: 김만덕 기념관)

▲ 집수관이 있었던 위치

▲ 사라봉 기슭에 있는 금산수원지의 배수지

1953년 12월 23일에 공사를 시작하였습니다. 6.25사변이 끝난 직후라서 예산이 넉넉하지 않았을 것입니다. 기술력도 부족했을 것입니다. 장비도 변변치 않았을 것입니다. 그래서 계획보다 2년 정도 더 소요된 1957년 7월 3일에 본격적으로 수돗물을 공급하기 시작했습니다. 용천수와 봉천수를 먹던 제주시민들은 수돗물에 놀라고 감격했을 것입니다. 아침, 저녁으로 물을 길러야 했고, 많은 가정일을 용천에서 처리했던 여인네들의 일은 반으로 줄었을 것입니다.

오랫동안 제주시민에게 수돗물을 공급하던 금산수원지는 인구 증가와 각종 오염원 증가로 2008년 7월 22일 가동을 중지하였습니다. 지금은 제주도 최초의 상수도라는 역사적 의미를 고려하여 '제주 물 사랑 홍보관'을 만들어 운영하고 있습니다(제주특별자치도, 2018).

금산수원지 주변은 오랫동안 제주의 중심이었기 때문에 볼거리가 많습니다. 1km안에 서쪽으로 제주 관아, 관덕정, 북쪽으로는 제주 읍성, 제이각, 오현단, 동문시장, 동쪽에는 사라봉, 그리고 인접해서는 김만덕 기념관과 산지천 등이 있습니다.

2

제주인의 일상

사진: 제주시민속오일장 입구

제주의 시장: 제주민속오일장

오늘은 2일이라서 '제주민속오일장'에 갔습니다. 이곳은 2일과 7일에 열리는 오일장으로, 제주 공항 서쪽 끝 부근에 있습니다. 오일장이 열리면 빠지지 않고 갈 정도로 매력적인 제주도 오일장은 1906년 윤원구 군수가 부임해 오면서 도민들의 물자 유통을 원활히 하기 위해 당시 제주읍내를 비롯한 이호, 외도, 애월, 삼양, 조천, 김녕, 세화, 서귀포 등에 9개 지역에서 오일장을 개설한 것이 효시입니다. 당시 오일장 개설로 제주도 여러 농어촌 마을까지 상거래가 활발해졌고, 농민들이 오일장을 통해 직접 생산한 생산물을 판매하고 또 자신들에게 필요한 생필품을 구매하는 활동이 본격적으로 이루어졌습니다. 그 후 오일장은 계속 증가하여 1970년대 말에는 25개 지역으로 확대되었습니다. 그런데 1980년대부터 상설 시장이 증가하면서 오일장은 감소하기 시작하였습니다. 현재는 제주시, 서귀포, 중문 등 9개 지역으로 축소된 상황입니다. 이런 문제로 1990년대로 들어서서 사라지는 오일장을 살리기 위해 오일장 이름을 '민속오일시장'으로 명명하였습니다.

▲ 제주민속오일장 위치

제주도 내에서는 가장 큰 정기 오일시장인 제주민속오일장은 '주성시(州城市)' 또는 '성안장(城內場)'이라 불리며 1910년대~1960년대 중후반까지는 관덕정 앞 마당과 건입동 관할 내의 탑동 주변에서 장이 열렸습니다. 이후 여러 번 장소를 바꾸어 오다가 1996년 12월 말부터 1998년 5월 말까지 총 사업비 38억 6,000만 원을 투입하여 현재의 위치에 현대화 사업을 추진하여 현재에 이르고 있습니다. 1일 평균 이용자 수도 약 25,000명으로 제주도 내에서는 가장 많습니다(디지털 제주시문화대전).

▲ 1914년 관덕정 앞 제주오일장 모습(출처: 국립제주박물관, 2017)

이 같은 역사를 가진 제주민속오일장에 대해서는 3월 중순, 제주대학교 지리교육과 교수님들과 식사 때 처음 들었습니다. 당시 교수님들은 '제주 사람들은 주로 정기시장을 이용한다'라는 얘기를 하였습니다. 제주시의 인구 규모로 볼 때, 대구에서 볼 수 있는 동네의 상설시장, 혹은 아파트 주변에 요일마다 열리는 시장 정도로 생각했습니다. 그런데 처음 시장에 갔을 때 가장 놀랐던 것은 시장 규모였습니다. 대구의 칠성시장 정도 되어 보였습니다. 엄청난 크기였습니다. 시장은 여러 전문 구역으로 나누어져 있었습니다. 수산물 시장, 묘목 및 화훼 시장, 채소 시장, 과일 시장, 옷 시장, 닭과 같은 가금류를 파는 시장, 철물 제품을 파는 시장, 그리고 식당 지역 등으로 나뉘어져 있었습니다.

▲ 제주민속오일장의 채소 시장

두 번째로 놀란 것은 제품의 가성비였습니다. 맛집이라고 갔던 몇몇 식당에서의 실망스러운 기억으로 '관광 도시인 제주의 시장이니 여기도 별반 다르지 않겠지'라는 생각을 하였습니다. 그런데 예상과 달리 물건들은 신선하고, 가격도 적절하였습니다. 천혜향, 카라향, 한라봉 등 시기에 따라 출하되는 귤의 가격은 대구보다 약간 저렴합니다. 섬이라서 옥돔, 갈치 등 수산물도 많고, 신선하며,

가격도 육지보다 저렴하였습니다. 이뿐만 아니라 제주도에서 재배하는 채소들도 많습니다. 얼마 전까지 가장 많이 보였던 것은 고사리였습니다.

시장의 하이라이트인 먹거리도 풍성합니다. 옥수수, 토스트, 꽈배기, 떡볶기 등 길거리 음식도 유명하지만 몸국, 고기 국수 등 제주의 토속 음식들을 저렴한 가격으로 먹을 수 있습니다. 보말국 또는 순대국과 비빔밥을 합쳐 6,000원에 먹을 수 있습니다. 갈치와 고등어구이, 이들의 조림도 각 9,000원입니다. 맛집에 갔다면 20,000원 정도의 음식을 반값에 먹을 수 있습니다. 같은 시장이지만 관광객이 중심인 동문 시장보다 가격이 상당히 저렴합니다. 이는 두 곳에서 식당을 운영하는 분의 이야기입니다. 그러니 맛도 좋은데 가성비까지 최고입니다. 그래서 2, 7일이면 무조건 시장에서 가서 아침 겸 점심을 먹고, 시장 구경을 합니다.

▲ 제주민속오일장의 어물 시장

내가 많이 구매하는 것은 두 가지입니다. 하나는 옥돔이고, 다른 하나는 오메기 떡입니다. 주로 사는 옥돔은 작지만 혼자 먹기에는 딱 맞는 크기입니다. 제주도 전통 음식인 빙떡도 잘 사먹습니다. 빙떡은 무를 채 썰어 복아 담백하게 간을 하여 메밀전 속에 넣은 것입니다. 하나에 1,000원 합니다.

어느 곳이든 재래시장, 특히 정기 시장은 마치 조선 시대 풍속화에 들어온 것처럼 인정이 넘치고, 먹고 싶고, 사고 싶고, 쉬고 싶은 삶의 원초적 기대가 넘쳐나서 좋습니다. 화장기 없는 사람들의 민낯 같은 삶을 볼 수 있어서 또 좋습니다.

제주도를 여행 할 시, 요리가 가능한 숙소를 예약하고, 제주도에 머무는 기간에 2, 7일이 있으면 꼭 들렀으면 하는 곳이 제주민속오일장입니다. 제주도의 5일장 중 가장 큰 곳이 제주시에 있는 제주민속오일장입니다.

제주민속오일장은 아침 6시부터 저녁 7시 정도까지 문을 엽니다. 5일마다 열리고, 제주 시민들뿐만 아니라 관광객들도 오기 때문에 사람들이 엄청 많습니다. 조금 늦으면 주차하기가 힘들기도 하지만, 주차장이 많아서 조금만 돌면 빈 곳을 찾을 수 있습니다.

제주도에 있는 오일장 이름과 개장 날짜는 다음과 같습니다.

오일장 이름	날짜
함덕 오일시장, 대정(모슬포) 오일시장	1, 6일
제주 민속오일시장, 표선 민속오일시장	2, 7일
중문 향토오일시장	3, 8일
서귀포 향토오일시장, 한림 민속오일시장, 고성 오일시장	4, 9일
세화 민속오일시장	5, 10일

제주 삼다의 의미: 돌, 바람, 여자

'돌, 바람, 여자'를 제주의 '삼다'라고 합니다. 이들은 제주의 거친 자연환경을 상징합니다. 돌과 바람이 제주를 대표한다는 것은 보이는 것은 돌이고, 오는 것은 바람뿐이라는 얘기입니다. 화산섬이어서 천지가 돌입니다. 절해고도처럼 떠 있는 섬이어서 그냥 바람이 많은 것이 아니라 육지와 비교가 되지 않을 정도로 강한 바람이 많이 붑니다. 서울의 연평균 풍속은 2.4m/s입니다. 반면 제주의 연평균 풍속은 서울의 1.6배인 3.8m/s, 제주의 서쪽인 고산 지역은 서울의 약 3배인 6.9m/s입니다(jeju.grandculture.ne). 이런 풍속으로 오름에 올라가면, 약간 과장하면 거의 날려갈 정도로 강한 바람이 붑니다. 이로 인한 제주 바다의 거친 바람과 빠른 해류는 여자를 제주의 3다 중 하나로 만들었습니다.

▲ 전통 배와 고기잡이(출처: 국립제주대학교, 2002, 제주사람들의 삶)

이수광(1563-1629)의 '지봉유설'에 '제주 주민들은 바다로 집을 삼아 고기 잡고 해초 캐는 것을 먹고 사는 업으로 삼는다. 해마다 풍랑에 떠내려가거나 물에 빠져 죽는 일이 많아서 남자로서 매장할 수 있게 되는 자가 적다'라는 기록이 있습니다. 그의 또 다른 저서인 '탐라잡영'에는 '오막살이에 살아도 부인과 첩을 거느리는 것이 풍습처럼 되어 있다'(김유정, 손명철, 2007)라는 기록도 있습니다. 얼마나 많은 남자들이 바다에서 죽었는지 짐작하고도 남습니다.

제주도의 지질은 갈리진 틈(절리)이 발달한 현무암이 대부분이어서 비가 내려도 거의 절반(46%)은 지하로 스며듭니다. 이 양은 육지의 3배에 해당됩니다. 이 때문에 하천이 있어도 물은 없습니다. 온 천지에 널린 것이 돌이니 그것을 제거하지 않으면 농사짓기 어려운 땅이 대부분입니다.

▲ 건천인 화북천 하구

자주 흉작이 발생했습니다. 육지보다 더 자주 가뭄이 왔습니다. 더 큰 문제는 지질, 지형적 특징으로 가뭄의 피해가 육지와 비교가 되지 않을 정도로 심하다는 것입니다. 수리 시설이 발달하지 않았을 옛날에 제주에서의 가뭄은 곧 죽음을 의미합니다. 현종실록에 있는 제주 목사 노정이 올린 급보에는 '살아있는 사람도 몰골이 귀신같고... 사람들끼리 잡아먹을 우려가 박두하였습니다'라는 내용이 있습니다(김유정, 손명철, 2007). 이런 일을 만드는 가뭄이 빈번하게 발생한 곳이 제주도입니다.

목숨을 걸고 바다에 나갔습니다. 많은 사람들은 돌아오지 못했습니다. 슬프게도 제주에서는 바다에 떠오르는 시신을 어느 지역이 처리하느냐를 갖고 지역간에 갈등을 겪었다고 합니다. 제주대 손명철 교수 이야기로는 바다에서 죽는 사람이 한둘이 아니었기 때문이라고 합니다.

'제주에는 당 오백, 절 오백이 있다'라는 말이 생길 정도로 무속신앙이 발달했습니다. 이 역시 척박하고, 거친 자연환경과 그로 인해 속절없이 죽어나가는 현실이 만든 결과입니다.

좋게 말해 '거칠고, 억센 환경에 살아남기 위해 강한 생활력을 가지게 되었다'라고 하지만, 지역의 상징이 돌, 바람, 여자였으니 그 삶이 얼마나 힘들었는지 짐작하고도 남습니다.

4.3사건으로 많은 사람, 특히 남자들이 빨갱이로 몰려 죽었습니다. 빨갱이가 아니라는 것을 증명하려고 6.25 사변 때는 수많은 청년이 전쟁에 참여했습니다. 그들 중 많은 수가 돌아오지 못했다고 합니다.

제주를 알수록 아름다운 자연 뒤에 슬픈 일상이 가려져 있었다는 것을 알게 됩니다. 가까운 역사이고, 진행 중인 역사입니다.

▲ 제주도 신당의 원조로 알려진 송당의 본향당

▲ 마라도 어부와 해녀의 안전과 풍요를 기원하는 해신당

▲ 가파도 어부와 해녀의 안전과 풍요를 기원하는 해신당

Ⅵ

제주의 건축과 예술 여행

사진: 방주 교회(출처: 방주교회 우편 엽서)

▲ 방주교회(1), 제주도립김창열미술관(2), 김영갑갤러리두모악(3), 왈종미술관(4), 성산포성당(5)

방주교회

제주도에는 건축물만 투어해도 시간이 아깝지 않을 정도로 아름다운 곳이 많습니다. 그 중 한 곳인 방주교회는 세계적 건축가이자 제일교포인 '이타미 준'이 설계했습니다. 노아의 방주를 모티브로 만들었다는 교회를 본 첫 인상은 '심플하다, 겸손하다, 안정적이다, 조화롭다'였습니다.

▲ 방주교회 전경 1

지붕이 건물체에 비해 커서 관찰자인 나의 시선은 자연스럽게 그 쪽을 향했습니다. 지붕은 약간 비대칭적이었습니다. 비대칭의 경계부에 부속 건물을 세로로 연결했습니다. 관찰자의 시선을 의도적으로 그 쪽으로 끌고 오면서 건물의 기능을 살리려는 설계로 보였습니다.

▲ 방주 교회 전경 2

▲ 방주 교회와 연못

'방주 교회'라는 이름에 맞게, 최지은 선생의 얘기처럼, 교회의 모습을 종이배처럼 형상화하고, 그것을 둘러싸고 좁고, 얕은 연못을 조성했습니다. 연못을 작게 만든 것은 교회가 전체의 중심이 되도록 하기 위해서인 것 같습니다. 교회의 전면은 배의 앞부분처럼 각지게 하고, 그 앞의 연못은 넓게 만들었습니다. 교회의 형상이 마치 배가 나아가는 것처럼 보이기 위해서인 것 같습니다.

건물에서 멀리 떨어져 살피면 건물들 간의 공간적 조화는 더욱 대단합니다. 교회, 관리사, 카페, 정원, 도로의 위치는 각각의 기능이 전체적으로 조화를 이루는 곳에 있습니다. 이들 배치의 기준은 내부자가 아닌 외부자의 시선입니다. 공간 전체를 보는 시선과 건물 개별에 대한 시선이 조화를 이루도록 계획했습니다.

내가 더 감동받은 것은 교회와 주변 경관의 조화입니다. 교회로 들어서면 첫 번째로 시선이 머무는 곳은 교회입니다. 두 번째로 시선이 머무는 곳은 산방산입니다. 의도적으로 시선의 중심에 교회를 위치시켰습니다. 이 때문에 뒤늦게 산방산을 발견합니다. 그래서 감동은 배가 됩니다. 그 때쯤 방주교회와 주변 경관의 조화와 아름다움을 알게 됩니다. 이 조차 의도적입니다. 산방산이 먼저 보이면 교회로 가야 할 시선이 분산되기 때문입니다. 그래서 교회로 들어오면서 산방산이 보이는 쪽에 카페를 위치시켰습니다. 이뿐만 아니라 교회 쪽은 건물들과 나무들로 폐쇄적인데, 산방산 쪽은 바다로 인해 개방적입니다. 서로 다른 성격의 두 공간이 전체 속에서 조화를 이루고 있습니다. 특히 놀라운 것은 멀리 떨어진 산방산이라는 외부 경관을 교회 쪽으로 끌어들인 것입니다. 한옥에서 사용하는 차경의 의미, 즉 외부 경치를 빌려 풍경을 즐기는 기법을 교회 공간에 적용하였습니다. 이렇게 되도록 교회 건물들의 위치를 조정했습니다. 교회 크기와 교회 부지간의 조화, 교회와 산방산의 조화, 관찰자와 교회 경관의 시선적 관계, 어느 하나 철저히 계획되지 않은 것이 없습니다.

▲ 방주교회에서 본 산방산

▲ 방주교회와 산방산(사진 우측 상단 돔상 지형, 출처: 방주교회 그림엽서)

건축을 건물의 집합체로 보면(김봉렬, 2006), 건축물의 가치는 개별 건물들 간의 내용적, 경관적, 위치적, 그리고 이들이 조합된 공간적 조화에 의해 만들어집니다. 그래서 건축가는 이들 각각에 대한 안목과 이들을 전체적으로 조화시킬 수 있는 안목이 있어야 합니다.

오랫동안 고 건축물 답사를 하면서 알게 된 것은 건축물 답사는 개개의 건물을 보는 것이 아니라 그것을 만든 사람과 건물들이 만든 공간의 의미를 보아야 한다는 것입니다. 더불어 당시대의 철학과 개인별 삶의 가치와 이념을 보는 것이 중요하다는 것을 알았습니다. 그것이 될 때 비로소 건축물과 그것을 만든 사람이 보입니다.

방주교회를 보면 볼수록 이를 설계한 이타미 준의 천재성에 감탄합니다. 지금의 위치에 이르기 위해 얼마나 치열하게 살았는지를 생각하면 존경스러워지기까지 합니다.

성산포 성당과 일출봉

제주 1경은 성산 일출봉입니다. 아름다운 곳이 한두 군데가 아닌 제주에서 으뜸으로 꼽는 곳이니 얼마나 아름답겠습니까. 그런데 사람에 따라서는 '여기가 제주 1경이라고'라는 의문을 갖기도 합니다. 기대한 것과 실제가 다르기 때문입니다. 그런데 이들의 이야기를 들어보면 기대와 실제가 다른 것은 실제에 문제가 있어서가 아니라 실제를 보는 방향에 문제가 있다는 것을 알 수 있습니다.

무엇이 아름답다는 판단은 부분과 전체의 관계 속에서 이루어집니다. 한옥을 보고 '아름답다'라고 하는 것은 암기와, 수키와의 배열, 지붕의 끝에서 살짝 올라간 처마, 수평의 들보와 수직 기둥의 조화를 한옥 전체의 관계에서 볼 때입니다. 일출봉도 같은 맥락입니다. 일출봉이 아름다운 것은 일출봉과 육지를 연결하는 광치기 해변, 그리고 주변 바다와의 절묘한 조화 때문입니다. 만약 일출봉이 다른 오름들처럼 제주도 내륙에 있었다면 지금처럼 아름답지 않았을 것입니다.

▲ 일출봉 전경

이런 특징으로 일출봉의 아름다움은 일정 거리에서 떨어져 볼 때 보입니다. 지미 오름에서 본 일출봉에 감탄한 것도 바다, 광치기 해변, 그리고 오조 포구와의 관계에서 보이는 일출봉의 조화로운 아름다움 때문입니다. 이처럼 진짜 아름다움은 대상과 일정한 거리에서 전체와 부분의 조화를 볼 때 나타납니다. 이 때문에 일출봉 속에서는 기대만큼 아름답지 않을 수도 있습니다.

각설하고, 일출봉을 보는데 더 없이 좋은 장소를 이야기 하고자 합니다. 특히 이곳은 조망만 좋은 것이 아니라 조망하는 장소까지 좋습니다. 사람에 따라서는 조망하는 장소가 더 아름다울 수도 있습니다.

▲ 성산포 성당에서 본 일출봉

성산읍 오조리에 가면 성산포 성당이 있습니다. 오조포구 서쪽 말단에 있습니다. 여기서 동쪽을 보면 오조포구와 그 너머의 일출봉이 그림처럼 보입니다. 이곳의 백미는 오조포구 말단에 있는 뫼괴동산이라 부르는 세 개의 섬과 그 곳을 둘러싼 '십자가의 길 14처'입니다. 의도적으로 만들었는지, 자연적인지 모르지만 마치 삼위일체처럼 세 개의 섬이 성당과 오조포구 사이에 있습니다. 각 섬에는 십자가가 서 있거나 성모상이 있습니다.

▲ 뫼괴 동산과 일출봉

▲ 성산포성당의 뫼괴 동산과 일출봉

▲ 뇌괴동산의 성모상과 일출봉

내가 가장 놀랐던 것은 이들의 입지입니다. 세 개의 섬은 오조포구 서쪽 말단의 아주 작은 만에 있습니다. 성당 쪽으로 깊게 들어온 만의 지형을 이용해 세 개의 섬을 만든 것 같습니다. 이런 위치로 바닷물은 마치 해자처럼 섬을 둘러싸고 있습니다. 이들 해자 같은 물길을 따라 길을 연결했습니다. 길에서 섬으로 가는 나무다리를 만들고, 섬들을 작은 나무다리로 연결했습니다. 이 길을 따라 십자가의 길 14처를 만들었습니다. 때문에 이 길은 기도의 길이자 조망의 길입니다. 기도를 하는 성스러운 길이자 주변 경관의 아름다움에 감탄하는 길입니다. 이런 위치를 찾고, 지형을 이용해 이런 길을 조성한 안목에 놀라움을 금할 수 없었습니다.

섬과 그 넘어 보이는 일출봉의 경관에 감탄할 수밖에 없는 이곳은 오랫동안 신부님들이 받친 노력과 군에서 사망한 아들의 영혼을 주님께 합당하게 봉헌하고자 했던 어머니의 유지와 죽은 동생을 위한 형의 노력이 합쳐져 지금같이 아름다운 뇌괴동산이 되었습니다. 그러니 이곳은 성스러움과 애틋함까지 깃든 곳입니다.

▲ 성산포 성당 전경

▲ 억새와 일출봉

▲ 성산포 성당, 뫼괴 동산(1), 오조포구(2)의 위치적 관계

세 개의 섬이 작은 만의 끝이어서 주변은 습지로 되어 있습니다. 제주도 곳곳에서 볼 수 있는 억새가 여기도 많습니다. 가을의 풍경도 아름답습니다. 십자가의 길 14처를 돌고 성당에 들어가면 내부의 고요함과 경건함으로 가슴 속 깊숙한 곳에 있는 자신을 만나게 됩니다.

제주도 도립 김창렬 미술관

제주 도립 김창렬 미술관은 한경면 저지리 '저지문화예술인마을'에 있습니다. 세계적인 화가인 김창렬의 미술관을 여러 지역에서 유치하려고 했지만 김창렬 화백이 직접 제주도를 지정하였다고 합니다. 6.25 사변 당시 경찰로 제주도에 근무하면서 제주도를 제 2의 고향으로 생각한 결과라고 합니다.

김창렬 화백에 대해 내가 아는 것은 '물방울 화가'라는 정도였습니다. 거의 문외한 수준이었는데, 작품을 안내하는 도슨트(docent)의 이야기를 들으면서 그의 작품 세계를 조금씩 이해하였습니다. 물론 내 수준에서의 이해입니다.

이해의 맥락은 그의 삶의 궤적입니다. 평화로웠던 어린 시절, 해방에서부터 6,25 사변을 겪으면서 죽을 고비를 넘겼던 자신뿐만 아니라 하나뿐인 여동생을 비롯한 수많은 죽음과 관련된 참혹한 경험, 미국에서의 세계 미술에 대한 경험, 그리고 프랑스에서의 생활 등이 그의 작품을 이해하는 토대였습니다.

화가이든 음악가이든 작품의 중요한 토대는 개인의 일상적 경험과 예술적 경험인 것 같습니다. 특히 가치관과 표현력이 형성되는 시기의 경험이 중요한 것 같습니다. 이는 글을 쓰는 작가도 비슷한 것 같습니다.

김창열 화백의 초기 작품은 6.25 사변 당시의 처참하고, 슬픈 경험의 기억들을 추상적으로 나타내고 있습니다. 내용이 작가의 개인적 삶의 경험이라면, 표현 방식은 당시 유행하던 엥포르멜적 표현입니다. 엥포르멜은 기존의 이성적 차가운 기하학적 추상의 표현을 거부하고, 서정적 측면을 강조하면서, 색채에 중점을 두고, 보다 격정적이고 주관적인 호소력을 갖는 표현주의적 추상 예술입니다. 청년기의 기억과 앵포르멜 운동에 앞장섰던 예술적 경험이 김창열 화백 작품의 두 축이 아닌가 여겨집니다.

경찰 생활을 그만두고 1961년부터 서울 예고에서 교사 생활을 하다가 세계를 대상으로 작품 활동을 하고 싶다는 꿈으로 1966년 미국으로 갑니다. 4년간의 미국 생활에서 세계 미술계를 경험하였으며, 작품적으로는 원의 모습을 치밀하게 계산하여 기하학적으로 표현하는 방향으로 변화합니다. 미국에 이어 드디어 그가 꿈에 그리던 프랑스에서 작품 활동을 합니다. 그 곳에서 비로소 물방울 그림 세계가 열립니다(네이버 지식백과).

▲ 초기작품(출처: 제주도립 김창렬 미술관)

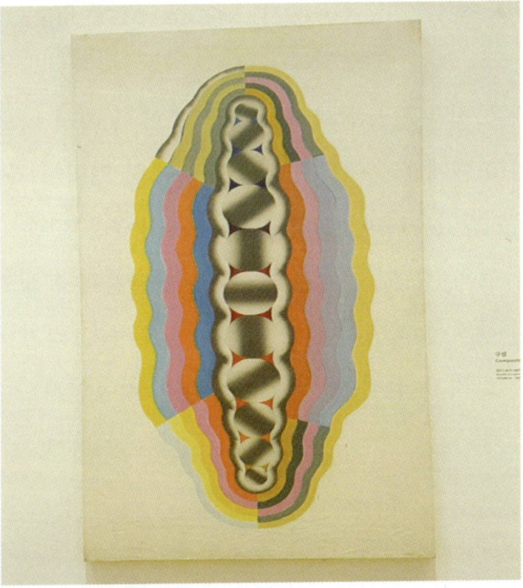

▲ 미국에서의 작품(출처: 제주도립 김창렬 미술관)

그가 물방울을 그리기 시작한 것은 파리에 정착한 지 3년째인 1972년부터입니다. 그는 "어느 날 캔버스에 뿌려본 물방울이 햇빛을 받아 영롱하게 반짝이는 걸 봤어."라고 합니다. 그것이 물방울 제작의 직접적인 동기가 된 것 같습니다(네이버 지식백과).

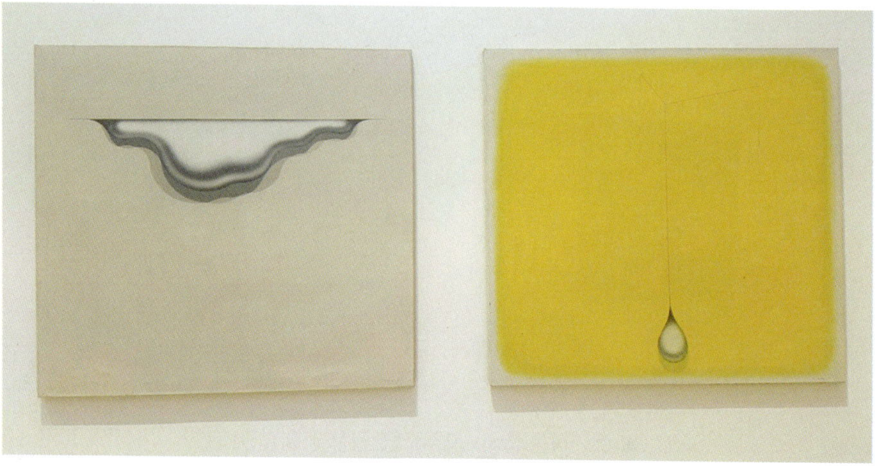

▲ 초기 물방울 작품(출처: 제주도립 김창렬 미술관)

그의 초기 물방울 작품을 보면서, 나는 캔버스에서 빠져 나오는 것 같은 물방울이 마치 김창열 화백에게 응어리져 있던 청년기의 기억이 가슴에서 빠져 나오는 것 같은 느낌을 받았습니다. 그의 작품 속 물방울은 단순히 작고 둥근 물의 덩어리가 아니라 그의 가슴 속 깊은 곳에 있던 슬픔과 분노가 담긴 덩어리로 보였습니다. 이런 생각을 하면서 그가 물방울 그림을 그리기 시작한 것은 청년기의 슬픔, 분노, 그리고 좌절을 씻어내는 자가 치유인지도 모른다는 생각을 하였습니다.

"물방울은 유년시절 강가에서 뛰놀던 티 없는 마음이 담겨 있기도 하고, 청년시절 6.25 전쟁의 끔찍한 체험이 담겨 있기도 하지. 전쟁이 끝나고 나니 중학교 동기 120명

중에서 60명이 죽었어. 나이가 많아야 스물이야. 앵포르멜 작품에서는 총에 맞은 육체, 탱크에 짓밟힌 육체를 상징적으로 그리려 했던 것이지. 그 상흔이 물방울 그림의 출발이 되었어."(네이버 지식백과)

물방울 그림을 그리면서 그는 마음의 평화를 얻었던 것 같습니다. 이런 생각을 한 것은 노년기의 물방울 그림들은 유년기 세계를 대상으로 하기 때문입니다. 가장 순수하였고, 가장 평화로웠고, 가장 사랑받았던 초기로 돌아간 것 같았습니다. 이것은 마음의 여유를 얻었기 때문에 가능했던 일이 아닌가 생각됩니다. 노년기 그의 작품명에 '회귀'라는 것이 많습니다. 이 중에 노년기의 초기 작품은 마치 연어가 강을 거슬러 고향으로 돌아가는 것 같은 형태의 물방울 그림들이 많습니다. 노년기 후기로 오며는 유년 시절 할아버지에게 배운 천자문에 대한 기억 때문인지 한자 위에 물방을 얹어 놓은 형식의 그림들이 많이 나타납니다. 마치 행복하고, 평화로웠던 유년기의 기억을 찾아내어 붙잡고 싶은 표현처럼 보였습니다.

▲ 후기 작품: 회귀(출처: 제주도립 김창렬 미술관)

이 같은 이해에서 나는 김창열 화백의 작품을 청년기의 기억에 토대한 그림 시기, 그것에서 벗어나려는 물방울 그림 시기, 다시 유년기 시절로 돌아가는 그림 시기로 나누었고, 그들의 관계를 통해 그의 작품 세계를 이해하고자 하였습니다. 그의 작품을 통해 화가로서 그의 삶의 궤적과 그것을 작품화하려는 그의 치열한 삶의 세계를 읽었습니다. 그림을 본 것이 아니라 그림을 통해 그의 삶을 보고자 하였습니다.

▲ 한자와 물방울로 구성된 후기 작품(출처: 제주도립 김창렬 미술관)

미술이든, 음악이든, 문학 작품이든 우리가 그것을 보고, 듣고, 읽고자 하는 것은 그 속에 담긴 메시지입니다. 그것이 이해될 때 작품은 독자 속으로 들어옵니다. 독자는 작가가 하고자 하는 이야기를 작품을 통해 읽습니다. 그것을 통해 독자는 작품 속에서 또 다른 삶을 만나고, 삶의 의미를 간접적으로 이해합니다. 따라서 이해되지 않은 작품은 독자와 교류하지 못하는 작가만의 이야기입니다. 김창열 화백의 작품을 보면서 느낀 것은 좋은 작품은 작가의 삶과 하나가 되는 것임을 알았습니다. 머리로 표현하는 삶이 아니라 가슴으로 표현하는 삶, 그것이 드러나는 작품이 좋은 작품이라는 것을 알았습니다.

'저지문화예술인마을'에는 제주 도립 김창렬 미술관과 제주 현대 미술관 뿐만 아니라 화가들 개인 전시관도 있습니다. 화가들이 자신의 집에서 작품을 전시하기 때문에 이들도 관람할 수 있습니다. 개인 집들을 보는 것도 꽤 괜찮은 구경입니다.

김영갑 갤러리 두모악

집사람이 제주에 오면 바빠집니다. 제주에 있는 동안 곳곳을 다니기 때문입니다. 이틀 동안 오름 3곳(지미, 용눈이, 백약이 오름)과 마라도, 가파도를 다녀왔습니다. 피로가 쌓였고, 어제 밤부터 아침까지 비가 내려 오늘은 김영갑 갤러리 두모악에 갔습니다. 어제 밤에 용눈이 오름에 대해 글을 쓰면서 김용갑 작가에 대해 알고 싶은 마음이 생긴 것도 이 곳에 온 중요한 이유입니다.

베이비붐 시대에 태어난 나를 포함한 우리들은 역경을 딛고 불굴의 의지로 자신의 꿈을 이루었거나, 이루려고 애썼던 사람들을 보면 그냥 고개가 숙여집니다. 존경스러움을 넘어 숙연한 마음까지 생깁니다.

▲ 김영갑(출처: 김영갑 갤러리)

1957년생이니 저보다 1년 위입니다. 6.25사변이 끝난 시기였으니 힘든 시절을 살았을 것입니다. 제주도에 정착한 후 제주의 자연과 정신, 특히 그것이 담겨있는 중산간 지역을 사진에 담으려는 열정으로 밥은 굶어도 필름은 샀던 삶이 루게릭병을 가져온 것 같습니다.

병도 사진에 대한 열정을 막지 못했던 것 같습니다. 2002년 여름에 옛 삼달국민학교 터와 폐교 건물에 '김영갑 갤러리 두모악'을 열었습니다. 두모악은 한라산의 옛 이름입니다. 두모악 앞마당에는 돌, 꽃, 나무, 토우들로 꾸며진 정원이 있습니다. 제주의 상징인 돌, 바람, 사람을 상징하는 정원입니다. 이곳의 거의 대부분을 김영갑 작가가 만들었습니다. 루게릭병으로 굳어가는 근육을 지키기 위해 눈물겹게 만든 정원입니다. 그래서 그런지 이곳은 제주도에서 자주 보는 정형화된 정원이 아닌 이곳에서만 볼 수 있는 독특한 멋을 갖고 있습니다. 2005년 5월 29일에 눈을 감았습니다. 유골은 그의 삶이 담겨있는 갤러리 앞마당에 뿌려졌습니다.

▲ 김영갑 갤러리 전경

이런 그의 삶을 알고 나니 사진을 보면서 감탄도 하지만 한편으로는 '저 순간을 포착하기 위해 얼마나 오랫동안 기다렸을까, 저 한장의 사진을 얻기 위해 얼마나 많은 사진을 찍고, 또 얼마나 많은 사진을 버렸을까'라는 생각에 사진과 제주에 대한 그의 열정에 존경과 더불어 가난과 고독 속에서도 오로지 제주의 사진에 바친 그의 삶에 연민의 마음도 들었습니다.

▲ 김영갑 갤러리 정원의 토우

▲ 김영갑의 작품 1(출처: 김영갑 갤러리)

▲ 김영갑의 작품 2(출처: 김영갑 갤러리)

▲ 김영갑의 작품 3(출처: 김영갑 갤러리)

빛의 예술이라 하는 사진은 빛과 함께 빠르게 변하는 풍경을 담아야 하기 때문에 긴 기다림과 찰나를 포착하는 것이 중요합니다. 이 때문에 '눈 덮인 오름 사진을 볼 때는 추위 속에서 최고의 순간을 기다렸을 작가의 힘든 기다림이 느껴졌고, 바람에 흔들리는 갈대 너머의 오름 사진에서는 자연미가 담긴 순간을 포착하려고 얼마나 긴장했을까'라는 생각도 들었습니다. 오름 위에 걸린 붉게 타는 석양 사진은 하늘에 기도하듯이 수 없는 날을 기다린 결과입니다. 최고의 순간들은 그런 기다림과 찰나들이 모여 만들어졌을 것입니다. 그것을 위해 그는 20여년을 제주도 중산간에서 보냈습니다. 그런 그의 삶이 모여 있는 곳이 김영갑 갤러리 두모악입니다. '오름 김영갑 사진집'을 구입했습니다. 용눈이 오름 사진들이 많았습니다. 용눈이 오름에 대한 그의 애정을 사진집을 보는 내내 느꼈습니다.

▶ 어제 저녁에 김용갑 작가에 대해 간략히 보았고, 그가 사랑했던 용눈이 오름도 올랐습니다. 오늘, 두모악에서는 김영갑 작가가 생전에 남긴 동영상과 여러 기록을 보면서 제주의 정신, 제주의 혼을 찾으려고 20여 년 쏟았던 그의 열정과 노력을 알았습니다. 그리고 그의 사진들을 보았습니다.

아는 만큼 본다고 합니다. 오늘도 아는 만큼 보고, 아는 만큼 느꼈고, 아는 만큼 이해하였습니다. 김영갑 갤러리 두모악에 가시면 작가의 경력과 그의 이야기가 담긴 동영상을 먼저 보시기 바랍니다. 그리고 그의 작품을 감상하면 좋을 것 같습니다.

왈종 미술관

큰아이 어릴 때부터 가깝게 지냈던 이교수님 가족이 제주에 오셔서 점심을 같이 하고, 허니문 하우스에서 차를 마시며 이런 저런 추억을 얘기하였습니다. 이교수님 가족은 우도로 가고, 비온 뒤의 정방 폭포를 보고 싶어 그 곳으로 갔습니다. 정방폭포 주차장에 주차하려는데 집사람이 이왈종 화백의 미술관에 가고 싶다는 얘기를 하여, 정방 폭포 주차장에 있는 왈종 미술관에 갔습니다.

▲ 왈종 미술관

집사람은 이왈종 화백에 대해 조금 아는 것 같은데 저는 처음 들어본 이름이었습니다. 미술에는 문외한이어서 교과서에 나오는 이중섭 화가 정도는 알아도 '이왈종'이라는 이름은 처음 들었습니다. 미술관 입구에 세워놓은 이왈종 화백의 그림과 구조물을 보면서 '초등학생 작품도 아니고 저게 뭐냐'라는 생각까지 하였습니다. 이왈종 화백에 대한 나의 이해 수준은 이 정도였습니다.

▲ 이층 전시관으로 올라가는 복도에 걸려있는 전시물

요금을 내고 2층 전시실로 갔습니다. 2층으로 올라가는 벽에 걸려있는 전시물은 마치 초등학생들 종이접기 작품들을 모아 놓은 것 같아서 2층 계단을 올라가는 동안에도 큰 기대는 하지 않았습니다. 그런데 2층 전시실에 들어서면서 생각이 변했습니다. 그림을 보는 순간 '밝다, 맑다, 티없다'라는 느낌이 들었습니다. 일전에 보았던 김창렬 화백의 그림과는 많이 달랐습니다. 김창렬 미술관에서는 그의 아픈 삶과 그것을 예술로 승화시켜 가는 과정을 그림에서 보았습니다. 6.25 사변이라는 고통스러운 기억, 그것에서 벗어나려는 몸부림, 유년기의 아름다운 기억으로 돌아가는 삶의 과정들이 그림에 나타나 있었습니다. 그래서 그림을 보는 내내 삶의 무거운 무게를 느꼈습니다. 두모악에서는 자연이 보여주는 찰나를 잡으려는 김영갑 사진 작가의 치열함과 고통스러웠던 삶을 느꼈습니다. 그런데 이왈종 화백의 그림에서는 이들과 같은 삶의 치열함이나 삶의 무게를 느낄 수 없었습니다. 그의 그림은 한편의 그림 동화 같았습니다. 그래서 깊은 생각 없이 볼 수 있었습니다. 그림을 보는 내내 마음까지 맑아지고 밝아졌습니다.

▲ 2층 전시실

▲ 제주 생활의 중도(中道)와 연기(緣起)(출처: 왈종 미술관)

▲ 제주 생활의 중도와 연기(출처: walartmuseum.or.kr/services/)

그의 그림에는 사람, 집, 차, 나무, 꽃, 새, 사슴 등 일상에서 볼 수 있는 것, 일상에서 이루어지는 것들이 그려져 있습니다. 대상들은 실제와 관계없이 비슷한 크기로 그려져 있습니다. 위치에 있어서도 평등합니다. 실제 위치에 관계없이 서로가 더불어 살아가듯이 그려져 있습니다. 크기, 위치뿐만 아니라 색감을 통해 특정 대상을 두드러지게 나타내지도 않습니다. 생물이든 무생물이든 모두가 똑같이 존중받는 존재처럼 표현되어 있습니다. 그리고 눈을 편하게 하는 녹색이 많습니다. 그림에 있는 대상들은 모두 단순하게 표현되었습니다. 구체화할수록 대상의 속성이 나타나고, 그것은 결국 대상의 차이를 낳기 때문에 그렇게 하지 않았나 생각되었습니다. 이런 생각은 그의 철학에서 추론 가능합니다.

이왈종 화백의 생활 철학은 '중도(中道)의 세계'입니다. 그가 이야기하는 중도의 세계는 어느 한 곳으로 치우치지 않은 평등의 세계이며 인간의 쾌락과 고통, 사랑과 증오, 탐욕과 이기주의, 좋고 나쁨의 분별심 등 마음 속에서 끊임없이 일어나는 갈등을 융합시켜 화합으로 이끄는 것입니다. 주체나 객체가 없고, 크고 작은 분별도 없는 절대 자유의 세계를 추구하는 것이기도 합니다. 그래서 그는 생명 있는 것과 없는 것들을 평등의 조건 아래 표현함으로써 중도의 법칙을 지키고자 합니다(네이버 지식백과: 두산백과).

중도의 세상을 추구하여서 그러한지 그림에 대한 첫 인상은 앞에서 얘기하였듯이 밝고, 맑고, 깨끗함이었습니다. 어린 아이일수록 중도적입니다. 그래서 이왈종 화백의 그림을 보면 동심의 세계로 들어가는 느낌을 받습니다.

문학, 음악, 미술 작품들에는 어떤 형식으로든 작가의 삶의 철학이 들어갑니다. 작가들은 자신의 철학을 작품 속에 구현하기 위해 피나는 노력을 합니다. 대가일수록 철학이 공고합니다. 독자들은 작품을 보면서 작가가 그리고자 하는 세상을 보고, 그것을 통해 다시 자신의 삶과 우리들의 세상을 봅니다. 삶을 다시 생각하고, 의미로운 세상을 생각해 봅니다. 문학과 예술이 우리 삶을 의미롭게 만드는 이유도 여기에 있습니다.

▲ 미술관 옥상 전시물

'중도의 세계'라는 삶의 철학을 구현하는 이왈종 화백은 1945년 경기도 화성 출생으로 1979년부터 추계예술대에서 교수로 재직하다 1990년에 서귀포로 내려와서 작품에 전념하고 있습니다. 그의 이름을 딴 미술관은 조선백자에서 모티브로 설계되어 둥근 모양의 찻잔 같은 모습입니다. 3층 높이의 미술관 전체 넓이는 300평 규모로서 1층에는 수장고와 도예실이 있고, 미디어 아트전시관이 마련되어 있습니다. 2층에는 작가의 평면회화, 도예, 목조각 및 미디어아트 등으로 구성된 전시실이 있습니다. 3층은 작가의 작업 공간과 작가가 사용하는 명상실이 있는데, 이를 공유할 수 있습니다. 2016년도에는 옥상정원이 마련되어 제주도의 남쪽 푸른 바다와 섶섬, 문섬, 새섬 및 한라산 정상을 작가의 아름다운 작품과 함께 평화로이 감상하실 수 있습니다(walartmuseum.or.kr/services).

이왈종 화백은 골프를 무척 좋아한다고 합니다. 그래서 그의 그림에는 골프 치는 사람이 자주 등장합니다.

■ 제주도에는 미술관이 꽤 많습니다. 이들 중 이중섭 미술관처럼 특정 작가의 이름을 내세운 곳도 있고, 제주도립미술관처럼 그렇지 않는 곳도 있습니다. 두 유형의 미술관은 전시 성격에서 많이 다릅니다. 이중섭, 김창렬, 왈종 미술관처럼 특정 작가를 위한 미술관에는 이분들의 작품이 중심이 되어 그것을 상설적으로 전시합니다. 그래서 작가의 작품 세계를 그의 삶의 맥락에서 보고, 이해할 수 있습니다. 작가의 성장 과정과 변화 과정을 볼 수 있도록 작품들을 전시하였기 때문입니다. 반면 제주도립미술관과 같은 곳에서는 여러 작가들의 작품들이 전시됩니다. 이 때문에 특정 작가의 작품 세계를 그의 삶의 전체적 맥락에서 이해할 수 없습니다. 이런 차이로 제주의 미술관을 관람하고자 할 때는 어떤 목적으로 갈 것인지를 결정하고 움직이는 것이 좋습니다.

서귀포에 가면 기당 미술관이 있습니다. 제주가 고향인 재일교포 사업가인 기당 김구범 선생이 건립하여 서귀포시에 기증한 미술관입니다. 1987년 7월 1일에 개관한 이곳은 전국 최초로 운영된 시립 미술관입니다. 이곳의 한 공간에는 '변시지'라는 걸출한 화백의 작품이 상설 전시되어 있습니다. 변시지 화백은 일본 최고의 권위를 자랑하는 광풍회전에서 1948년 23세의 나이로 최고상을 수상함과 동시에 최연소 정회원이 되었고, 이듬해부터 심사위원으로 활동하였습니다. 일본 최고의 권위를 자랑하는 광풍회에서 23세의 한국 젊은이가 최고상을 탔으니 얼마나 놀랐겠습니까. 이 놀라운 일은 100년 넘는 광풍회 역사에서도 전무한 일이었습니다. 심사위원이었던 데라우치만지로가 "변시지 그림을 어떻게 보느냐"고 질문하자 다른 심사위원이었던 사이토 요리는 "변시지 그림을 인정해 버리면 다른 대가들의 그림이 위험해진다'라고 대답할 정도로 뛰어났습니다. 그리고 그의 그림 2점은 2007년 미국 최대의 박물관인 스미소니언에 10년 동안 상설로 전시되었습니다(기당미술관 변시지 안내문). 그런데 안타깝게도 기당 미술관에서는 이분의 작품 전체를 볼 수 없습니다. 그의 작품 세계는 크게 보면 일본에서의 활동 시기, 한국으로 돌아와 서울에 거주할 때의 시기, 그리고 제주도에 정착하여 '제주화'라는 독특한 세계로 나눌 수 있습니다. 각 시기마다 독특한 작품의 세계가 있고, 시기별 작품들은 그의 삶과 당시대의 맥락에 따라 변화해 왔습니다. 시기별 작품을 보면 변시지 작가의 그림인지 의심이 들 정도로 시기에 따라 다른 작품 세계를 보여줍니다. 그런데 아쉽게도 기당 미술관에는 제주화의 일부만 전시되어 있습니다. 제주화 조차도 시기에 따라 변화하였는데도 안타깝게도 그러합니다. 기당 미술관은 변시지 작가를 위한 미술관이 아니기 때문입니다.

▲ 기당 미술관에 전시된 변시지 화백의 그림

▲ 스미소니언 박물관에 전시된 변시지 화백의 그림: 난무(출처: 시사TV 코리아, 2017.8.11)

VII

제주의 숲 여행

사진: 애월 곶자왈

곶자왈[15)]

토요일은 거문 오름 화구 속의 곶자왈을, 일요일은 선흘 곶자왈을 답사했습니다. 이곳에서 다른 차원의 제주 숲을 경험했습니다. 휴양림과 생태 공원에서 아름답게 화장한 제주 숲을 보았다면 곶자왈에서는 화장하지 않은 제주 숲의 민낯을 보았습니다.

제주의 속살과 같은 곶자왈은 제주도 방언으로서 곶과 자왈의 합성어입니다. 주로 2000년부터 사용하기 시작한 용어로서 '곶'은 숲을, '자왈'은 나무와 덩굴이 어수선하게 뒤섞인 수풀 같은 곳을 의미합니다(윤용택, 2014). 그래서 곶자왈은 숲은 숲인데 풀, 나무, 덩굴들이 자연 그대로 뒤섞여 엉클어진 수풀을 의미합니다. 잘 가꾸어진 숲이 아니라 거의 원시림적 모습을 가진 숲이라 할 수 있습니다.

▲ 화순 곶자왈 모습

15) 곶자왈은 송언근(2020)의 '지리로 가는 제주의 역사, 문화, 생태 답사'를 토대로 재구성한 것임.

사람의 손길이 닿지 않는 곶자왈의 용암은 제주에서 가장 어립니다. 곶자왈 용암의 대부분은 10,000년 전후에 발달했습니다(안웅산, 최형순, 2016, 안웅산 외 4인, 2015). 제주도를 덮고 있는 용암이 대개 100,000년 정도인 것에 비하면 젊기 그지없는 용암입니다. 용암이 젊다는 것은 토양을 만드는 풍화작용이 그만큼 적게 일어났다는 뜻입니다. 이 때문에 곶자왈에는 토양 발달이 아주 미약합니다. 그러니 식생 성장이 어려울 수밖에 없습니다.

▲ 선흘 곶자왈의 용암 언덕

곶자왈에는 토양 발달이 미약할 뿐만 아니라 요철이 심한 지형이 많습니다. 곶자왈에서 쉽게 볼 수 있으면서도 중요한 지형은 용암 언덕입니다. 동백동산으로 알려진 선흘 곶자왈에 많은 이 지형은 용암 내·외부 냉각 속도의 차에 따른 이동 속도의 지체로 만들어집니다. 즉 용암류의 표면은 공기와의 접촉으로 내부보다 빨리 냉각됩니다. 이로 인해 용암류가 흐르는 통로 폭은 점차 좁아집니다. 이런 변화에도 불구하고 용암의 공급이 일정하게 일어나면 용암류의 이동은 지체되어 집니다. 이 같은 현상이 일어나면 특정 지점은 뒤에서 밀려들어오는 용암들에 의해 위쪽으로 팽창합니다. 이런 과정으로 높은 언덕 같은 지형이 발달합니다. 용암 언덕 표면은 냉각, 수축되면서 거북 등과 같이 갈라집니다. 이렇게 생성된 용암 덩어리들은 밑으로 떨어져 용암 언덕 주변에 넓게 쌓입니다. 이런 지역은 개발이 힘듭니다. 이것이 개발로부터 곶자왈을 보호한 것 같습니다.

▲ 선흘 곶자왈의 판근 현상 1

토양층 발달의 미약은 식생의 성장에도 영향을 미칩니다. 곶자왈에서 볼 수 있는 생태 특징 중 하나는 곶자왈 나무들은 뿌리가 깊지 않고, 지표를 따라 횡적으로 발달하는 것입니다. 큰 나무들의 뿌리는 마치 코모도왕도마뱀의 다리처럼 지표 위에 노출되어 바위들을 잡고 있습니다. 나무를 지탱하기 위해서입니다. 이런 현상을 나무뿌리의 판근 현상(buttress roots)이라 합니다. 토양층이 얕기 때문에 뿌리가 깊지 않아 태풍에 쓰러진 채 자라는 나무들도 곳곳에 있습니다. 쓰러진 채 간신히 땅을 짚은 뿌리만으로 살아가는 끈질긴 생명력을 보여줍니다.

▲ 선흘 곶자왈의 판근 현상 2

▲ 선흘 곶자왈의 뿌리가 뽑힌 나무 모습

곶자왈은 원시림적 경관을 갖고 있습니다. 그러니 지표에는 빛의 양이 적습니다. 반면 곶자왈에는 지하수가 많이 함양되고, 식물의 증산작용까지 왕성하여 공기 중에 습도가 높습니다. 이런 특성으로 곶자왈은 이끼류와 고사리류들의 천국입니다. 제주도 양치식물의 70%가 곶자왈에 있습니다(김대신 외 4인, 2012). 또한 곶자왈에는 용암 동굴, 동굴의 함몰로 만들어진 숨골, 용암이 흘렀던 자리인 용암 도랑(협곡) 등 다양한 용암 지형들이 있습니다. 이들은 지표에서 지하로 연결된 지형이어서 제주도 지하수 생성의 가장 중요한 지역입니다.

▲ 교래 곶자왈의 고사리류

이 같은 가치를 가진 곶자왈이지만 1980~1990년에서는 민관 모두가 쓸모없는 땅으로 인식하여 개발이라는 이름 아래 파괴하였습니다. 다행스럽게도 최근 생태의 중요성이 인식되면서 곶자왈을 보전하려는 활동이 활발하게 이루어지고 있습니다.

제주도 도보여행의 백미로 알려진 올레가 제주 주민들이 살아가는 마을의 작은 길과 주변 해안, 들판, 오름 등을 연결한 길이라면, 곶자왈의 길은 제주도의 원시림 속으로 연결되어 있습니다. 이 때문에 올레길 답사가 제주도 사람들의 삶과 제주도의 아름다운 경관을 살피는 걷기라면, 곶자왈 답사는 제주도의 생태 특징을 살피는 걷기입니다.

금산 공원(애월 곶자왈)

지난 토요일(7. 27) 손명철 교수의 소개로 제주대학교 교수들이 중심이 된 독서 모임에 참석했습니다. 모임 후 식사 자리에서 제주도의 어느 곳이 가장 좋으냐는 질문을 받았습니다. 그전 같으면 샤려니 숲, 삼나무길, 오름 등 이런 저런 곳들을 얘기했을 것입니다만 머뭇거림 없이 '곶자왈'이라고 얘기했습니다.

제주에서 생활한지 반년쯤 되어가는 현재까지 비가 올 때를 제외하면 거의 매일 제주도 곳곳을 답사했습니다. 모든 곳이 좋았습니다만 이들 중에서도 특히 좋은 곳은 곶자왈입니다. 시간이 갈수록, 알수록 좋아집니다. 그래서 토요일 독서 모임에서 받은 질문에 망설임 없이 '곶자왈'이라고 대답했습니다.

곶자왈은 제주도 여느 지역처럼 아름답거나 멋진 곳이 아닙니다. 인간의 손길이 닿지 않은 숲입니다. 그런데도 이곳이 좋은 것은 거친 용암 지역에서 식물들이 스스로의 방식으로 살아가는 생명의 위대함과 인간의 손길이 닿지 않은 자연의 순수함 때문입니다.

곶자왈은 제주에서 가장 젊은 용암 지형 위에 자연적으로 발달한 숲입니다. 그래서 이곳은 지형, 지질, 식물, 미기후들의 관계 속에 나타나는 식물의 생태적 특성을 보고, 느끼기에 아주 좋습니다. 이 속에 있으면 식물이 보여주는 생태적 조화에 순화됩니다. 온갖 욕심과 잡념들이 여기에 들어오면 압도적 자연의 조화에 사라지고, 자연의 질서 속에 동화됩니다. 잠시지만 조화로운 삶의 의미를 생각합니다. 또한 지형에 따른 빛의 차이, 습도의 차이, 그리고 지질적 차이에 따라 장소마다 다른 식물들을 볼 수 있습니다. 이런 특성을 가진 곶자왈에서 가장 좋은 것은 생명의 위대함, 생명의 간절함, 생명체 간의 조화로움입니다.

여러 곶자왈 중에서 최근에 자주 가는 곳이 있습니다. 애월읍 납읍리의 금산초등학교 옆에 있는 금산공원이 그 곳입니다. 여기는 이곳에서 남동쪽으로 9km 정도 떨어진 노꼬메 오름에서 흘러내린 용암류 지역에 발달한 애월 곶자왈의 끝자락입니다. 용암류의 최말단에 발달한 숲입니다. 크기는 13,000평쯤 되어 큰 고등학교 정도로서 동네 공원 수준입니다. 이 때문에 잠시 산책할 정도의 시간으로 곶자왈의 원시림을 느끼기에 딱 좋은 곳이 여기입니다. 또한 아아 용암 지역이어서 지형의 요철이 상당하여 짧은 코스이지만 걸을 맛도 납니다.

▲ A: 금산공원, B: 큰노꼬메 오름, C: 애월 항

금산공원의 최대 특징은 천연기념물로 지정된 울창한 난대성 상록활엽수림입니다. 육지의 숲과 달리 사시사철 푸른 난대림입니다. 말하자면 매일의 모습이 육지의 여름 숲과 같습니다. 식물의 성장이 왕성하여 진짜 원시림 같은 경관입니다. 그런데 더 대단한 것은 입구에서부터 수백 년은 되었을 아름드리 난대림이 무성하다는 것입니다.

곶지왈이 원시림이라고 하면 많은 분들이 아마존 밀림처럼 거대한 나무들로 구성되어 있지 않을까 생각합니다만 사실은 그렇지 않습니다. 곶자왈의 숲은 맹아림[16)]적 성격이 강합니다. 이는 곶자왈에 가면 볼 수 있는 숯을 만들던 곳과 숯 굽던 사람들이 임시로 거주하던 숯막에서 알 수 있습니다. 곶자왈 주변 사람들은 숯을 만들어 팔아 꽤 많은 돈을 벌었다고 합니다. 물론 숯을 위한 벌채는 곶자왈 전체가 아니라 부분이었을 것입니다. 연료가 나무에서 석유, 가스로 바뀌면서 곶자왈의 숲이 보전되기 시작했습니다. 이 때문에 지금의 곶자왈의 숲은 벌채되어진 나무들에서 다시 움이 싹터 새롭게 자란 맹아림입니다. 그래서 곶자왈의 나무들은 그다지 굵지 않습니다. 그런데 금산 공원은 다른 곶자왈과 다르게 나무들이 엄청나게 굵습니다. 이는 금산공원의 역사와 관련 있습니다.

▲ 금산 공원 전경

금산 공원이 있는 용암류의 말단부에서부터 해안 쪽으로는 넓은 용암대지가 펼쳐져 있습니다. 이곳에 마을이 발달했습니다. 1670년대 마을이 만들어질 무렵 현재의 금산 공원은 아아 용암으로 된 보기 흉한 돌무지로 된 거친 지형이었

16) 나무를 벤 뒤에 남은 그루터기들에서 난 싹들이 자라 형성된 수풀(네이버 국어사전).

습니다. 이런 거칠고 쓸모없는 땅에 북쪽에서 사악한 기운까지 들어오면 안되기 때문에 이를 막기 위해 나무들을 심기 시작했습니다. 일종의 비보풍수적 성격의 숲이라 할 수 있습니다. 풍수적 의미에서 시작한 식목이어서 방목과 벌목을 철저하게 금하였습니다. 그것을 수백년 동안 지켜왔습니다. 금산공원을 둘러싼 돌담으로 된 경계석도 1954년 재향군인회가 만든 것입니다. 이런 노력으로 오늘날과 같은 상록활엽수림이 빽빽이 우거진 원시림이 되었습니다. 그래서 여기는 수백년 되었을 것 같은 한 아름이 훨씬 넘을 후박나무, 종가시나무, 구실잣밤나무, 소나무, 팽나무 등이 곳곳에 있습니다. 이곳에 들어서면 수백 년이라는 시간의 장엄함과 그 속에서 생명을 이어온 숲의 위대함과 신비함을 느낍니다. 시작은 인공림이지만 오래 세월 철저한 보호로 원시림이 되었습니다. 그래서 이름도 처음에는 출입을 금한다는 뜻에서 금산이었지만 지금은 수려한 경관으로 비단 금자를 써서 금산이라 합니다(디지털제주시문화대전).

▲ 금산 공원 내에 있는 포제청

선비들이 많았고 제주에서 유교적 전통이 가장 강한 촌락으로 알려진 납읍리에 있는 금산 공원은 위치적으로 마을 속에 있어 심리적으로, 거리적으로 친근하고, 규모적으로 아담하여 오래전부터 마을 행사가 이곳에서 이루어졌습니다. '포제청'이라는 건물에서는 마을 남자들이 모여 입춘이 지난 첫 정월 또는 해일에 마을의 안녕과 풍요를 기원하는 마을 제사(포제)를 행합니다. 납읍리의 포제는 숙종 18년(1684), 계속되는 기근과 우마의 전염병으로 금산공원의 중앙에서 산천신제를 지냈던 것에서 시작되었다고 합니다(디지털제주시문화대전). 수백 년 지속된 금산마을의 포제는 지금은 제주무형문화제 6호로 지정되어 관리되고 있습니다.

이곳은 요철이 심한 아아 용암 지역이어서 커다란 용암 바위가 곳곳에 있습니다. 바위는 고도가 높아 조망하기가 좋습니다. 이런 환경으로 예부터 선비들은 이곳에서 공부를 하고, 때론 시를 쓰고, 풍류도 즐겼을 것입니다. 이를 '송석대'라는 이름과 '인상정'이라는 정자명에서 알 수 있습니다. 공원 입구 좌우에 있는 넓고 둥글게 쌓은 단이 있는 곳이 송석대와 인상정의 위치입니다. 정자가 있었는지 알 수 없지만 바위에 '인상정'이라는 글씨가 새겨져 있고, 유교적 풍속이 강한 마을 전통으로 볼 때 정자가 있었을지도 모릅니다. 교육적 장소로서의 전통 때문인지 금산공원 입구 좌우에 있는 송석대와 인상정 터에 있는 넓은 원형의 나무데크에는 납읍 초등학교의 학생들이 지은 시가 전시되어 있습니다. 자연의 순수함에 초등학생의 순수함까지 느낄 수 있어 참으로 좋습니다. 원시림인데 인간이 만든 숲이고, 마을 주민들이 제사 장소로 이용하는 독특한 특성의 곶자왈이 납읍 초등 옆에 있는 금산 공원입니다.

▲ 금산 공원 입구 오른쪽의 둥근단은 송석대, 왼쪽의 둥근단은 인상정이 있었던 곳이다.

▲ 금산공원 입구 오른쪽에 있는 송석대에 전시한 금산초등학생들의 시 작품들

비자림

구좌읍 평대리 돗오름 북동쪽에는 세계 최대의 비자림 군락지가 있습니다. 2018년 관광 통계에 의하면, 이곳은 제주도 관광지 중 관광객 수가 6번째로 많은 곳입니다. 산방산, 정방폭포, 절물자연휴양림보다 비자림에 더 많은 사람이 옵니다. 이렇게 유명한 비자림의 가치는 단일 수종으로는 세계 최대라는 것도 있지만 보다 중요한 가치는 천년의 시간을 버틴 자연림이라는 것입니다.

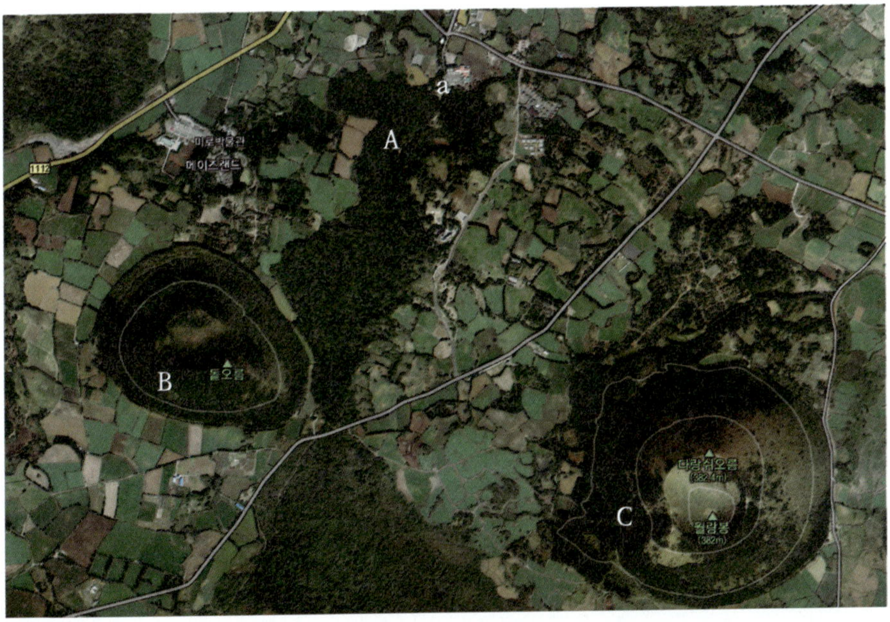

▲ 비자림 입구(a), 비자림(A), 돗오름(B), 다랑쉬오름(C)

제주도 숲의 상당 부분은 일제 강점기부터 인공적으로 조림한 것입니다. 특히 많이 조림한 나무는 곰솔과 삼나무입니다. 이들과 달리 비자나무는 자연림입니다. 이는 나무의 특성과 관련 깊습니다. 비자나무는 느리게 자라기로 유명합니다. 800년이 넘은 나무 높이가 14m에 불과합니다. 100년이 지나야 지름이 20cm 정도에 이릅니다. 이런 성장률을 가진 나무들이 44만 8,000여 ㎡(약 136,000평)에 500~800년생 비자나무가 무려 2,800여 그루가 있습니다. 최고령 나무는 900살에 육박합니다. 두 번째로 오래된 나무의 수령은 800년이 넘습니다(이상길, 2010). 수령으로 보면 비자림에 있는 비자나무들은 고려 중기 또는 조선 중기부터 자랐습니다. 말 그대로 천년의 숲입니다. 당시에 의도적으로 조림하였는지 알 수는 없습니다만 천년 가까운 세월을 버티어왔다는 사실만으로 자연림이라 하지 않을 수 없습니다. 사려니 숲과 절물자연휴양림의 삼나무 수령이 40여년인 것과 비교하면 비자림이 얼마나 오래된 숲인지 쉽게 알 수 있습니다.

▲ 수령 800년이 넘는 새천년 비자림

천천히 비자림을 걸었습니다. 숲이 주는 자연의 세례를 최대한 받기 위해서이자 숲이 인간에 주는 의미를 이해하기 위해서였습니다. 더불어 백년도 못사는 인간으로서 감히 천년의 시간을 느끼고 싶어서입니다.

숲에서 수백 년이라는 시간의 무게를 담은 나무들을 봅니다. 느리게 자라는 특성 때문에 더 많은 빛을 받기 위해 다른 나무들과 치열하게 경쟁해야 하였던 삶의 흔적을 봅니다. 조금이라도 더 많은 빛을 받기 위해 사방으로 가지가 뻗은 나무도 있고, 빛이 더 많이 들어오는 방향으로 가지를 뻗은 나무도 있습니다.

▲ 특정 방향으로 자라는 비자나무

▲ 비자나무 숲 길

비자림 속을 천천히 걸었습니다. 걸으면서 보고, 쉬면서 보고, 걸으면서 느끼고, 쉬면서 느끼고자 하였습니다. 그 속에서 1,000년의 세월을 이어온 비자림처럼 다른 숲들도 새로운 천년으로 나아가려면 자연은 인간과 어떤 관계를 맺어야 하는지를 생각하였습니다.

현재의 비자림은 인간의 손길을 최소하면서 목적적으로 관리한 결과입니다. 만약 비자림을 자연 그 자체로 두면 송악, 줄사철, 등수국, 마삭줄 등 덩굴식물이 비자나무를 덮으면 광합성을 하지 못하거나 무게로 가지가 부러졌을 것입니다. 비자림의 성장 속도가 워낙 느리기 때문에 그렇습니다. 그러면 비자림은 현재와 달리 빨리 자라는 후박나무와 아왜나무로 금세 뒤덮였을 것입니다(네이버 지식백과-길숲섬, 조홍섭, 한겨레신문). 이런 모습을 제주대학교에 있는 권제 오름에서 볼 수 있습니다. 성장 속도가 느린 비자나무 옆에 빠르게 자라는 삼나무들이 하늘을 가리고 있습니다. 활엽수들도 비자나무를 가리고 있습니다. 엎친 데 덮친 격으로 덩굴이 비자나무 대부분을 덮고 있습니다.

▲ 삼나무 속의 비자나무(A: 비자나무. 권제오름)

▲ 덩굴로 덮인 비자나무(권제오름)

현재처럼 최소한의 개입을 통해 비자나무를 덮는 덩굴식물과 다른 나무들을 상당 부분 제거하고 가지치기, 수목치료, 지지대 설치 등으로 비자나무를 보호하는 것이 맞는지, 아니면 말 그대로 자연 스스로 생존하도록 놔두는 것이 좋은지는 생각해 볼 일입니다. 인간과 공존하는 자연을 지향한다면 최소한의 개입, 즉 자연의 재생능력 범위 안에서의 개입은 필요할 것입니다. 반면 자연의 법칙대로 살게 한다면 인간의 개입은 없는 것이 좋습니다. 자연관의 차이 때문에 어느 것이 좋다고 단정할 수는 없지만 나는 전자 쪽이 좋습니다. 인간의 삶은 필연적으로 자연 환경과 깊은 관계를 맺기 때문입니다.

이 같은 의미를 생각하게 하는 비자림은 1936년 학술림으로 지정되었고, 1966년 천연기념물 182호 '한라산천연보호구역'의 일부로 지정되었으며, 1993년에 천연기념물 374호로 '구좌읍 비자림 지대'로 분리, 지정하여 관리 받고 있습니다. 비자림이라 하여 비자나무가 가장 많은 것은 아닙니다. 비자나무가 20%, 해송이 9%, 기타 활엽수가 71%입니다(이상길, 2010).

천연기념물로 지정될 정도로 중요한 비자나무는 주목과의 침엽수로 우리나라 남부와 제주도, 일본 중남부에 분포합니다. 느리게 자라기로 유명하지만 그래서 오히려 재질이 치밀하고 고와서 건축, 가구, 바둑판 등의 고급 재료로 사용됩니다. 15~20년이 되어야 맺히는 비자나무의 열매 씨앗은 구충제로 요긴하게 사용되었습니다. 동의보감엔 '비자를 하루 일곱 개씩 7일간 먹으면 촌충이 없어진다'는 처방을 하고 있을 정도입니다(네이버 지식백과-길숲섬, 조홍섭, 한겨레신문).

많은 사람들이 가는 비자림을 나도 가보았다는 인증도 좋지만 수 백년을 견디어온 비자나무의 특성과 비자림의 보전을 위한 인간과 자연의 관계도 생각하는 답사가 되면 보다 의미로운 시간이 될 것입니다.

사려니 숲길

비자림을 나와 사려니 숲으로 갔습니다. 삼나무가 주를 이루는 사려니 숲은 비자림과는 사뭇 다른 느낌이었습니다. 비자나무 숲에 들어갔을 때는 '이것이 비자나무구나, 잘 보전되어있네, 800년, 900년 된 고목들이 참 멋있다'라는 생각이 먼저 들었습니다. 그런데 삼나무 숲에서는 걷기보다 머물고 싶어졌습니다. 사려니 숲은 어떤 모습인지, 삼나무는 어떤 특징이 있는지, 삼나무 숲이 어디까지 인지 알고 싶은 마음보다 숲 속에, 숲과 같이, 그냥 편안히 앉아 있고 싶었습니다. 비자림과는 다른 세상이었습니다.

▲ 사려니 숲길

숲 속에서 숲 밖을 보았습니다. 숲 밖은 밝은 빛이 내리쬐고, 사람들로 붐비었습니다. 반면 숲 속은 새벽 같은 어슴푸레한 빛과 고요함이 머물렀습니다. 이런 분위기로 숲 밖이 현실 세계라면 숲 속은 중간계 같았습니다. 삼나무의 수령은 아주 깁니다. 삼나무가 많은 일본에는 2,000~3,000년 된 삼나무도 있습니다. 이로 인해 각종 전설들이 만들어지는 것이 삼나무 숲입니다(네이버 지식백과). 이와 관련되는지는 모르지만 이곳 이름인 사려니는 제주어로 '신성한 곳'이라는 뜻입니다. 이름 탓인지 눈이 오면 사려니 숲은 마치 엘사가 사는 겨울 왕국처럼 신성한 곳으로 변합니다.

▲ 사려니 숲길

▲ 눈오는 사려니 숲길

▲ 눈오는 사려니 숲의 미로 숲길

왜 이런 느낌인지 생각해 보았습니다. 비자나무와 삼나무의 차이를 보았습니다. 비자나무는 육지에서 흔히 볼 수 있는 벚나무, 느티나무, 밤나무와 유사한 형태입니다. 높이, 크기, 굵기, 가지의 위치와 형태 등 전체적 특징이 낙엽활엽수들과 비슷합니다. 익숙한 형태라서 나무 이름을 이야기하지 않으면 육지에서 흔히 보는 나무 중 하나로 생각할 정도입니다. 이름을 보고 난 뒤에야 비로소 '이것이 비자나무'라는 것을 알게 됩니다.

반면 삼나무는 육지의 낙엽 활엽수들과 확연히 다릅니다. 키가 아주 큽니다. 나무의 굵기는 거의 일정하며, 키에 비해 상당히 작습니다. 그리고 이 곳의 삼나무는 1970년대에 인공적으로 조림한 것입니다. 이 때문에 삼나무들은 굵기와 키가 거의 일정합니다. 이런 삼나무들이 오와 열을 맞추듯이 질서정연하게 서 있습니다. 이런 모습을 사람에 비유하면 슈트가 잘 어울리는 키 큰 신사 같습니다. 여기에 더해 연평균기온 12~14℃, 강우량 3,000mm 이상 되는 다우지에서 잘 자라는 특성이어서 우리나라에서는 제주도와 남해안을 제외하고는 보기가 힘듭니다. 숲의 경관은 북유럽에서 볼 수 있는 침엽수림대인 타이가와 유사합니다. 이런 특징들 때문인지 삼나무 숲의 경관은 다분히 이국적입니다. 숲 속으로 빛이 은은하게 들어옵니다. 이런 분위기에 천연 항균 물질인 피톤치드가 많이 발산되고, 머리를 맑게 하고 집중력을 높일 뿐만 아니라 아토피와 같은 피부질환에 좋은 향까지 방출됩니다. 그래서 그런지 삼나무 숲에 앉아 있으면 그 자체가 곧 명상이 됩니다. 걷는 곳이 아니라 머물고 싶은 것도 이 때문인 것 같습니다.

신성한 숲인 사려니 숲길은 붉은 오름 남쪽에 있는 입구에서 남서쪽에 있는 사려니 오름까지 약 15km 구간을 일컫습니다. 이 구간에는 졸참나무, 서어나무, 때죽나무, 산딸나무, 편백나무, 삼나무 등 다양한 수종이 있습니다만 사려니 숲길을 유명하게 만든 것은 삼나무입니다. 이 나무가 가장 울창한 곳은 입구에서 서쪽으로 1km 정도의 구간입니다. 관람객들이 가장 많이 가는 곳도 이 곳입니다. 특히 사려니 숲 입구에서 3분쯤 걸어 올라가면 좌측에 '미로 숲'이 있습니다. 이곳에는 앉을 수 있는 나무 평상이 여기저기에 마련되어 있습니다. 바쁘게 숲길을 걷는 것보다 이곳에 앉아 느긋하게 산림욕을 하면서 숲을 즐기는 것도 좋습니다.

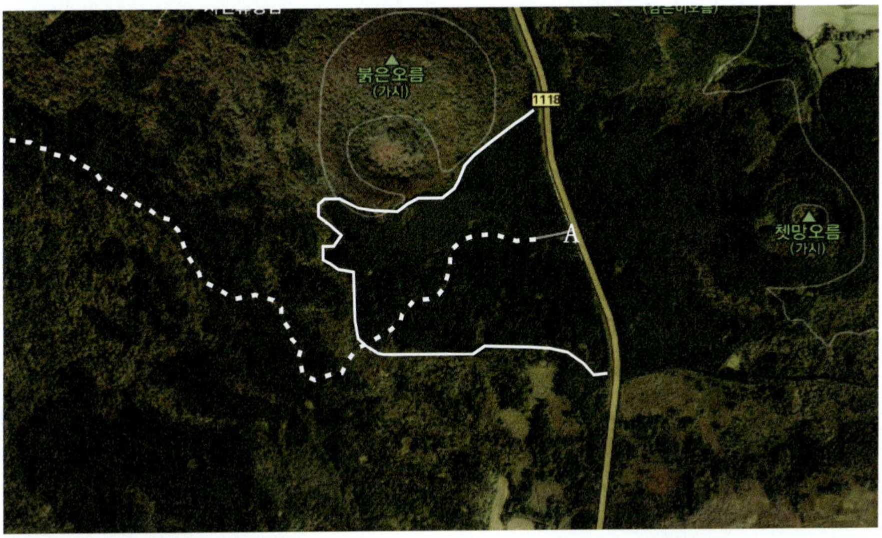

▲ 출입구(A) 주변의 흰색선 안쪽(삼나무 조림 숲), 흰색 점선(사려니 숲길)

절물자연휴양림

제주도를 여행하면서 가장 쉽게 보는 나무이자, 개인적 판단입니다만, 제주도에서 가장 멋있는 나무는 삼나무입니다. 사려니 숲을 유명하게 만든 것도 삼나무입니다. 2002년 건설교통부에서 처음으로 우리나라의 아름다운 도로 평가를 하였을 때 대상을 받은 곳도 제주 삼나무길[17]입니다. 개인적으로 가장 좋아하는 곳도 이 곳입니다. 비나 눈이 올 때, 또는 안개가 끼었을 때 이 곳은 환상적일 정도로 아름답습니다. 삼나무길뿐만 아니라 길에서 벗어난 좌우의 숲도 아름답습니다. 이런 편애로 저는 제주도를 이국적으로 만드는 것은 야자수가 아니라 '삼나무'라고 생각합니다.

▲ 비오는 날의 제주 삼나무길

17) 5.16도로를 타고 제주마방목지를 지나 1.6km쯤 가면 5.16 삼거리가 나옵니다. 여기서 교래 쪽으로 좌회전하여 1112번 도로(비자림로)로 들어서면 제주 삼나무길이 시작됩니다. 아침 일찍, 또는 해질 무렵, 이곳을 지나가면 더욱 운치있습니다.

▲ 눈 오는 제주 삼나무길

▲ 눈 오는 제주 삼나무길 뒤편의 조릿대 숲길

그런데 옛날부터 제주도에 삼나무가 많았던 것은 아닙니다. 과거의 제주도 식생은 지금과는 비교가 되지 않을 정도로 빈약하였습니다. 이는 기록에서 확인할 수 있습니다. 일본인 지리학자 마수다 이치지가 1939년에 발표한 「제주도 취락의 지리학적 연구」에는 당시 제주도 경관에 대한 진술이 있습니다. 그곳에 '제주도는 상부의 삼림 지대를 제외하면 거의가 나무가 없는 대지를 이루고, 화산암이 전도를 덮어 표토는 극히 얇고, 지상은 반사막의 경관을 나타낸다'(제주특별자치도, 2018)라는 내용이 있습니다. 책의 내용으로 보면 1930년대 제주도는 상당히 헐벗은 곳이었습니다. 이 같은 1930년대 제주도 경관은 '한라산의 낙엽활엽수를 이용하여 제탄을 만들어 일본에 반출할 계획 하에 관주도의 대규모 벌채가 이루어졌다는' 기록에서도 알 수 있습니다. 산림의 남벌은 해방 이후에도 지속되었습니다. 자유와 해방에 대한 잘못된 이해로 인한 주민들의 무분별한 도·남벌 그리고 1948년 4.3 사건 시 군작전상 대규모 벌채가 이루어졌습니다(제주특별자치도, 2006).

이러하였던 제주도는 환골탈태하듯이 밀림 같은 지역으로 변했습니다. 일제강점기 후기에 남벌이 있었지만 1920년대부터 '곰솔'이라 불리는 해송과 삼나무 중심의 식목이 이루어졌습니다. 해방 이후에도 도·남벌이 있었지만 계획적 조림이 있었습니다. 이 때 식목한 나무도 주로 삼나무와 해송이었습니다. 이 같은 특성은 아마도 제주도의 기후가 일본과 유사하고, 특히 삼나무는 일본인들에게 익숙할 뿐만 아니라 성장이 빨랐기 때문이 아닌가 여겨집니다. 1960년대 중반부터는 국유림 지역에 있는 활잡목들을 제거하고 본격적인 갱신조림사업을 하였는데 이때도 삼나무를 조림하였습니다. 일제강점기부터 식목되기 시작한 삼나무는 제 1차 치산녹화 10년 계획(1973~1982년) 동안에 더욱 확대되었습니다. 삼나무는 해송, 편백나무와 함께 주력 수종으로 식목되었습니다. 이들을 조림 수종으로 선정한 것은 산지조림, 목야지 방풍림 조림, 경지 방풍림 조림에 성장이 빠른 이들 나무가 가장 적합하였기 때문입니다. 특히 제주도의 핵심 산업인 감귤 재배 권장에 따라 바람막이용으로 저렴하면서도 빠른 시간에 방풍

효과를 볼 수 있는 삼나무를 방풍림으로 많이 심었습니다. 이렇게 조림된 삼나무는 감귤 농장에 도움을 주고, 감귤밭을 급격히 증가시켜 제주도 농가 소득 증가에 큰 역할을 하였습니다(제주특별자치도, 2006). 이 같은 이유와 과정으로 삼나무들이 대거 식재되었습니다.

오늘날 절물자연휴양림에서 볼 수 있는 삼나무와 해송도 1차 치산 녹화 기간에 조성되었습니다. 그림에서 보듯이 절물자연휴양림 지역은 1970년 초까지는 지금과 많이 달랐습니다. 이곳에 1973년 삼나무와 해송을 식목하였습니다. 그 결과로 오늘날과 같은 삼나무와 곰솔이 무성한 숲으로 변했습니다. 1, 2차 치산 계획기간을 지나 제 3차 자원화 계획(1988~1997) 기간에는 육림사업과 더불어 산촌개발 및 산림휴양, 문화 시설 확충 등을 하였습니다. 절물자연휴양림은 이 기간의 마지막 해인 1997년 7월 23일에 자연휴양림으로 개장하였습니다.

▲ 1973년 절물자연휴양림 조림 모습(출처: 제주산림 60년사)

▲ 오늘날 절물 자연 휴양림 전경(휴양림 속의 삼나무 숲)

절물자연휴양림에서 개인적으로 가장 좋아하는 곳은 곰솔 숲과 실내산림욕장입니다. 곰솔은 소나무보다 껍질이 검은색을 띠어 검은 솔이라 부르던 것이 곰솔로 불리게 되었다고 합니다. 곰솔의 특징은 육지에서 보는 소나무보다 키가 크고, 곧게 자라는 것입니다. 이런 특징으로 마치 삼나무처럼 하늘 높이 곧게 솟아 있습니다. 삼나무가 일본에 많은 나무라면 곰솔은 소나무과이기 때문에 삼나무보다는 더 친근한 나무입니다. 그래서 그런지 사려니 숲보다 절물자연휴양림이 더욱 친근하게 느껴집니다.

곰솔이 경관적 특징이라면 실내산림욕장은 휴식 공간으로서 더 없이 좋습니다. 이곳에는 삼나무, 소나무, 그리고 편백나무로 만든 산림욕을 할 수 있는 방이 있습니다. 방안에 있으면 편백나무, 삼나무가 내뿜는 향기에 취할 정도입니다. 넓은 창으로 휴양림 전경을 감상하는 것도 좋습니다. 비가 올 때면 더욱 좋습니다. 사람들이 관심 갖지 않는 곳이어서 그런지 조용하고, 편안하게 산림욕을 할 수 있어 더욱 좋습니다.

▲ 휴양림 속의 곰솔 숲

실외에서는 진짜 산림욕을 할 수 있습니다. 산림욕의 핵심 요소인 피톤치드는 수목에 따라 농도가 다릅니다. 절물자연휴양림에서 피톤치드의 농도가 높은 곳은 삼울길(삼나무), 구상나무길, 건강산책로, 장생이숲길(삼나무) 순입니다. 삼나무로 된 삼울길은 곰솔로 조성된 삼울길보다 1.5배, 활엽수로 조성된 생이소리길과 절물오름길, 장생이 숲길보다는 2배나 높습니다. 계절적으로 피톤치드의 농도는 여름이 가장 높고, 가을 > 봄 > 겨울 순이며, 여름철의 피톤치드가 가을보다 20% 많고, 봄보다는 40% 많습니다. 시간대로 보면 오전 6시 시간대와 정오 12~14시 시간대가 산책로 공기 중 상대적으로 높은 피톤치드 농도 함유를 보입니다(김형철 외 3인, 2013).

▲ 실내 산림 욕장

▲ 실내 산림욕장의 삼나무 방

▲ 1: 건강산책로, 2: 삼울리길, 3: 생이소리길, 4: 장생이길, 5: 절물오름길
(출처:http//jeolmul.jejusi.go.kr)

절물자연휴양림은 제주도에 있는 4개의 자연휴양림(절물, 교래, 붉은 오름, 서귀포 자연휴양림) 중에서 입장객이 가장 많은 곳이자, 제주도 관광지 전체를 대상으로 하여도 8번째로 많은 관광객이 오는 곳입니다. 2018년 이 곳을 방문하는 관광객 수는 814,242명이었습니다.

많은 사람들에게 사랑을 받는 절물 자연휴양림은 '비자림로'로 불리는 1112번 도로 북쪽의 절물 오름 북쪽에 있습니다. 도로의 남쪽은 사려니 숲입니다. 절물 자연휴양림 안에는 절물오름에서 자연적으로 흘러나오는 약수가 있습니다. 아무리 날이 가물어도 결코 마르지 않는다는 약수터는 신경통 및 위장병에 특효가 있다고 합니다. 조선시대에 가뭄이 들어 동네우물이 모두 말랐을 때에도 주민들 식수로 이용했을 정도로 풍부한 수량을 자랑합니다(네이버 지식백과). 용천수가 풍부하여 이 물을 이용한 연못이 절물 아래에 있습니다.

'절물'이라는 이름이 절물 오름에서 유래한 것인지, 아니면 근처의 사찰이 이 물을 이용하여 그렇게 불렀는지 정확히는 모르겠습니다. 후자라는 이야기도 있습니다.

▲ 절물

Ⅷ

제주의 하천 여행

사진: 한천의 용연

태풍 전후의 화북천

올 여름 첫 태풍인 '다나스'가 왔습니다. 비 구경을 워낙 좋아해서 제주에서 맞이하는 태풍에 대해 기대 반 걱정 반을 하였습니다. 수백mm 온다는 뉴스에 걱정을 하였고, 그것을 볼 수 있는 것에 기대를 했습니다.

7월 19일(금) 저녁부터 본격적으로 태풍이 왔습니다. 제주대학교 게스트 하우스의 넓은 주차장에는 비가 내리는 것이 아니라 날렸습니다. 주차장 바닥의 물이 전력으로 달리듯이 바람에 의해 옆으로 쓸려갔습니다. 엄청난 비바람이었습니다.

20일(토) 아침에도 비가 왔습니다만 어제 밤과 같지는 않았습니다. 10시쯤부터 비가 잦아들었습니다. 비 온 뒤의 제주 하천을 보기 위해 오현고등 옆을 지나 제주항으로 흘러들어가는 화북천 하구로 갔습니다. 제주도 하천은 일 강수량이 50mm 이상 되어야 흐르고 하루 이틀 지나면 다시 건천이 된다는 얘기를 확인해 보고 싶었습니다.

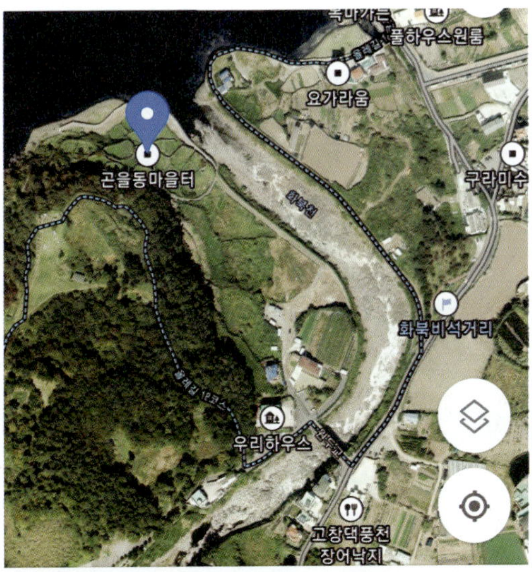

▲ 화북천 하구 위치

화북천 하구는 4.3사건 때 사라진 마을로 유명한 곤을동이 있고, 쇠소깍과 같은 지형이 발달하기 시작하는 곳이어서 여러 번 조사하였습니다. 그 때 본 화북천은 눈을 닦고 봐도 물이라곤 보이지 않는 암석으로 된 하상뿐이었습니다. 바다와 만나는 최하류인데도 물이 없었습니다. 비가 오지 않으면 건천을 이루는 제주 하천의 특성을 가장 잘 보이는 곳이 화북천이었습니다.

태풍이 그친 직후인 토요일 오전 12시쯤, 화북천에는 많은 물이 흘렀습니다. 하상 경사의 차이로 곳곳에 작은 폭포를 만들면서 질풍노도처럼 흘렀습니다. 그런데 수량은 기대만큼은 아니었습니다. 하상 폭 전체를 채우면서 흐르지만 다리 밑까지 물이 넘칠듯이 흐르는 것은 아니었습니다. 수심은 1~2m 정도로 보였습니다. 아마 어제 밤이었다면 지금보다는 훨씬 많이 흘렀을 것입니다.

▲ 평상시 화북천 하구 모습

▲ 태풍 직후 화북천 하구 모습(2019.7.20 12시경 촬영)

▲ 태풍 하루 뒤의 화북천 하구 모습(2019.7.21. 12시경 촬영)

제주도 하천은 모두가 한라산 부근에서 발원하여 남쪽과 북쪽으로 흐릅니다. 제주도의 남북 길이는 32km정도입니다. 이 때문에 하천들의 길이는 10km 전후가 대부분입니다(김미령, 2003). 육지 하천들과는 비교가 되지 않을 정도로 짧습니다[18].

발원지 고도는 높고, 유로가 짧으니 하상 경사가 급할 수밖에 없습니다. 물이 빠르게 바다로 흘러갑니다. 지표는 갈라진 틈인 절리와 균열이 발달한 용암지역이고, 식생은 밀집하여 강수의 46%정도는 지하로 스며듭니다. 이런 이유여서 그런지 이틀 동안 제주 산간에 내린 비가 1125.5mm였는데도 예상보다 하천에는 많은 물이 흐르지는 않았습니다. 육지에서 이 정도의 비가 왔다면 범람하거나 그에 가까운 수준이 되었을 것입니다. 그리고 꽤 오랫동안 하천에는 많은 물이 흘렀을 것입니다. 육지 하천은 유로가 길고, 하상 경사가 완만하며, 유역분지가 넓어 많은 물이 모이기 때문입니다.

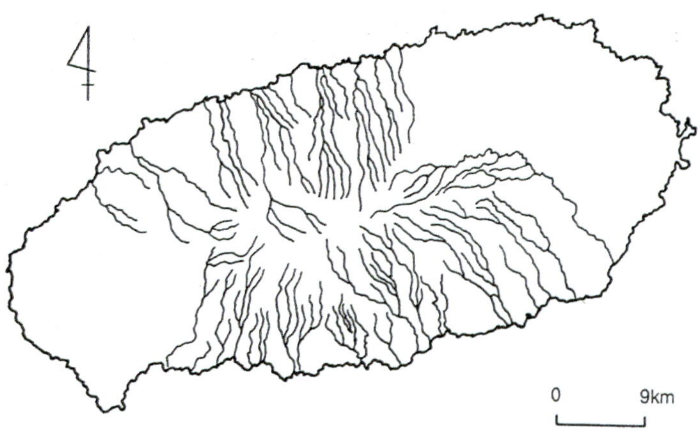

▲ 제주도 하천 수계도(출처: 김미령, 2003, 재인용)

18) 낙동강: 510.36km, 한강: 494.44km, 금강: 401km, 섬진강: 223.86km(출처: 우리강 이용도우미: www.riverguide.go.kr)

21일(일) 12시쯤 다시 화북천에 왔습니다. 태풍이 지나간 지 하루가 조금 더 지났는데 하천에는 물이 거짓말처럼 줄었습니다. 이틀 전의 암석 하상으로 돌아가고 있었습니다. 하루 전에 하상 전체를 덮으면서 노도처럼 흐르던 물은 사라지고, 물은 하상의 작은 구석에서 조그마한 폭으로 흘렀습니다.

22일(월) 아침 8시 25분 비행기로 대구로 가기 때문에 화북천을 다시 보기 위해 5시 30분에 숙소를 나섰습니다. 오마이 갓입니다. 비가 억수같이 옵니다. 숙소로 돌아왔습니다. 어제의 하상 상태로 볼 때, 오늘은 물이 거의 없을 것으로 보고, 그것을 확인하려고 했습니다만 하늘이 도와주지 않았습니다. 비가 오지 않았다면 아마도 화북천 하상은 예전처럼 건조한 암석 하상으로 다시 돌아갔을 것입니다. 어쨌든 제주 하천은 지질·지형적 특성으로 비가 올 때만 하루 이틀 정도 물이 흐른다는 것을 확인했습니다.

산지천과 용천

제주도 하천은 육지의 하천과 여러 면에서 다릅니다. 가장 큰 차이는 하천의 흐름입니다. 육지 하천들은 강수의 계절적 차이로 여름에는 많은 물이 흐르지만 봄, 가을, 겨울의 갈수기에는 물이 적게 흐릅니다. 물의 양이 적은 것이지 흐르지 않는 것은 아닙니다. 그런데 제주도 하천은 50~80mm 이상의 비가 올 때를 제외하면 아예 물이 없습니다.

이런 제주 하천들 중에서 일부 하천의 일부 구간에서는 놀랍게도 물이 사시사철 흐릅니다. 그것도 상당히 많은 물이 흐릅니다. 더 놀라운 일은 물이 흐른 곳을 기준으로 그 보다 상류에는 물이 없다는 사실입니다. 이런 현상을 잘 볼 수 있는 곳이 동문시장으로 흐르는 산지천입니다. 동문시장은 제주도 시장 중, 관광객이 가장 많이 오는 곳입니다.

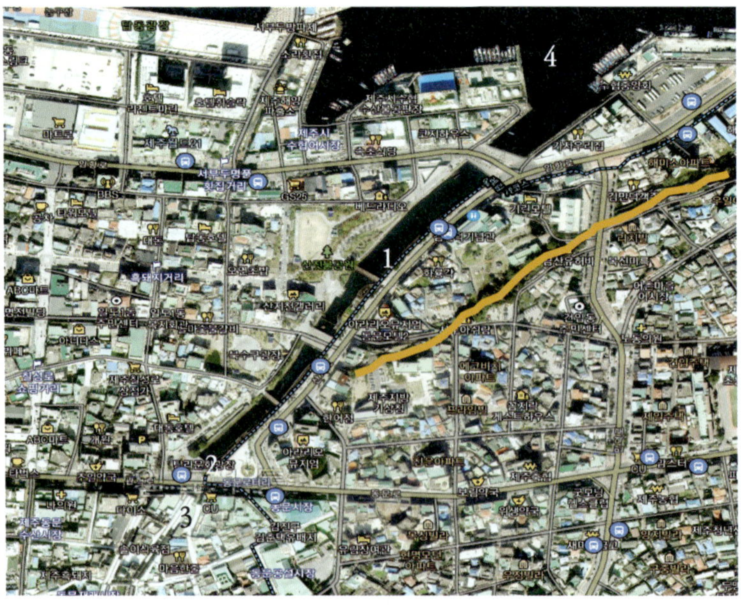

▲ 1: 산지천, 2: 탐라문화광장, 3: 동문시장, 4: 제주항, 주황색선: 해식애

한라산 북사면에서 발원하여 삼성혈을 지나 동문시장을 통과하여 제주항 쪽으로 흐르는 산지천의 특별함은 동문시장을 경계로 나타납니다. 동문시장을 경계로 하류 쪽은 많은 물이 흐르고, 동문시장 부근은 하천 바닥에 물이 고일 정도의 양으로 흐르며, 이보다 상류로 가면 아예 물이 없습니다. 자연의 법칙에 의하면 하천은 상류에서 하류로 흐릅니다. 발원지가 상류에 있기 때문입니다. 그런데 산지천은 동문시장이라는 특정 지점에서부터는 항시 물이 흐릅니다. 이는 자연의 법칙을 거스르는 놀라운 현상입니다.

▲ 동문시장 하류의 산지천 모습

제주도의 대부분을 덮고 있는 현무암에는 용암이 냉각될 때의 수축 작용으로 많은 균열이 있습니다. 제주도에 내리는 비의 약 절반 정도는 암석의 갈라진 곳을 통해 지하로 스며들어 지하수가 되었습니다. 지하 깊은 곳의 암석 틈 사이로 천천히 흐르든 지하수는 지형 변화로 지층이 노출된 곳, 또는 용암류의 말단인 해안가에서 솟아납니다. 이런 곳을 용천이라 합니다.

동문시장과 제주항 사이에는 과거 파도의 침식으로 발달한 절벽(해식애)이 있고, 산지천의 침식으로 만든 하곡이 있습니다. 지형의 변화로 생긴 이들 주변에는 많은 양의 지하수가 솟아나는 용천들이 있습니다. 동문 시장 앞 탐라공원 다리 밑에는 많은 양의 용천수가 산지천으로 흘러들어옵니다. 이로 인해 용천보다 하류 지역의 산지천에는 맑고 깨끗한 물이 많이 흐르고, 용천보다 상류에는 물이 흐르지 않습니다.

▲ 동문 시장 앞 탐라문화광장 밑의 용천수(용천수를 경계로 상류는 물이 없다)

▲ 동문시장 내의 산지천 모습

▲ 동문 시장 1.7km 상류의 제주동여자중학교 옆 산지천 모습

동문시장 지역은 제주의 중심이었던 제주목 관아로부터 동쪽으로 400m정도 떨어져 있으며, 과거에는 제주 읍성 속에 있었습니다. 이는 이 지역이 조선시대 제주의 중심지였고, 일찍부터 이 지역에 많은 사람들이 살았다는 뜻입니다. 이는 용천과 관련이 깊습니다.

산지천의 동문시장 하류 쪽은 많은 물과 하천 옆의 공원 및 예쁜 건물, 그리고 제주항이 어우러져 상당히 아름다운 도시 경관을 보입니다.

한천과 용연

용두암 동쪽에 '용연'이라는 곳이 있습니다. 용이 놀았던 전설이 있는 곳입니다. 위치로 보건데 이곳에 있었던 용이 용두암으로 변한 것이 아닌가 싶습니다. 한천 하구에 있는 이곳은 조선시대 영주[19] 12경 중 하나로 제주에 부임한 목사들이 여름밤에 뱃놀이하였던 '용연야범'으로 유명합니다. 숙종 28년(1702년) 제주 목사로 부임한 이형상이 제주도 곳곳을 순력하였던 내용을 그린 '탐라순력도'에도 용연야범과 관련된 '병담범주'라는 그림이 있습니다.

▲ 탐라순력도의 병담범주

19) 영주는 제주도의 옛 명칭이다.

용연을 조선시대에는 '비취색의 절벽으로 둘러싸인 연못'이라는 의미로 '취병담(翠屛潭)'이라 했던 것 같습니다. 이는 그림에 오늘날 용연의 위치에 '취병담'이라 적어둔 것과 그림 제목이 '병담에서의 뱃놀이'라는 의미의 '병담범주'인 것에서 알 수 있습니다. 병담범주를 보면 취병담(용연) 우측에 민가가 있고, 그것의 우측 끝에 용두암이 보입니다. 용두암 위쪽 바다에는 해녀들이 물질하는 것도 그려져 있습니다.

이곳의 아름다움은 바다와 계곡의 어우러짐입니다. 한천이 바다로 들어가는 곳에 있는 좁고, 깊은 계곡, 맑은 물, 계곡 위의 정자, 그리고 이들과 바다의 조화가 용연의 아름다움입니다. 이 같은 경관은 제주에서만 볼 수 있습니다. 육지 하천의 최하류는 폭이 넓고, 평야상을 흐르기 때문에 용연과 같은 경관을 보기 힘듭니다. 용연과 유사한 곳이 제주에 또 있습니다. 효돈천 하구에 있는 쇠소깍이 그 곳입니다.

▲ 한천과 용연 전경

▲ 상류로 갈수록 좁아지는 용연 계곡

용이 놀았을 정도로 깊은 연(못)이 있는 용연 계곡은 한천과 바다가 만나는 곳에 있었던 폭포가 침식을 받아 상류로 후퇴한 결과로 추정됩니다. 이렇게 추정하는 것은 한천 하구에서 상류로 400여 m쯤 가면 폭포처럼 갑자기 경사가 변하는 지형이 나타나기 때문입니다. 이런 곳을 '변하는 지점'이라 하여 '천이점'이라 부릅니다. 폭포도 일종의 천이점입니다. 이곳은 평소에는 물이 흐르지 않아 폭포처럼 보이지는 않지만 비가 많이 오면 멋진 폭포로 변합니다. 용연 계곡도 여기서부터 시작합니다.

사실 우리나라든, 다른 나라이든 현재의 폭포 위치는 하류에 있던 폭포가 침식을 받아 상류 쪽으로 후퇴한 결과입니다. 폭포에서 물이 떨어지기 시작하는 쪽, 즉 폭포의 머리 부분에는 침식이 강하게 일어납니다. 이로 인해 폭포 머리 쪽의 암석들은 깎이고 떨어져 나갑니다. 이런 작용이 오랫동안 반복되면 폭포는 아주 조금씩 상류 쪽으로 후퇴합니다. 폭포보다 하류 쪽에는 후퇴한 폭포 높이와 길이만큼 계곡이 발달합니다. 서귀포에 있는 천제연과 천지연 폭포도 원래는 정방폭포처럼 바닷가에 있었습니다. 오랜 세월의 침식으로 바닷가에 있던 이들 폭포가 상류 쪽으로 후퇴하여 지금의 위치에 있고, 폭포가 후퇴한 구간에는 현재와 같은 깊은 계곡이 발달하였습니다. 따라서 용연계곡과 그 상류에 있는 천이점으로 미루어 보아 과거 언젠가는 한천과 바다가 만나는 곳에는 정방폭포와 같이 바다로 떨어지는 폭포가 있었을 것으로 추정됩니다. 한천 하류의 용연계곡도 천제연과 천지연 폭포 하류의 계곡처럼 폭포의 후퇴 결과로 추정됩니다. 이는 앞에서 이야기하였듯이 폭포의 후퇴 증거인 천이점의 존재 때문입니다.

한천 하구에서 상류로 400m쯤 가면 용연교가 나옵니다. 여기를 중심으로 상·하류에 세 개의 천이점이 있습니다. 용연교 상류에 2개, 하류에 한 개의 천이점이 있습니다. 하류를 기준으로 1, 2, 3차 천이점이라 부르면 1차에서 3차로 갈수록 천이점 규모가 작아집니다. 3차 천이점은 형태도 뚜렷하지 않고 높이도 2m 정도에 불과합니다. 반면 그 하류에 있는 1, 2차 천이점은 형태가 뚜렷하고, 높이도 3차 천이점보다 훨씬 높습니다.

▲ 1: 용연, 2: 용두암, A: 1차 천이점, B: 2차 천이점, C: 3차 천이점

▲ 용연교에서 본 평소의 1차 천이점(굵은 화살표)과 하류(사진 위쪽) 계곡

▲ 태풍 미탁이 지나간 하루 뒤 폭포로 변한 1차 천이점(2019. 10. 3)

▲ 용담오거리교 아래에 있는 평소의 2차(굵은 화살표) 및 3차 천이점(가는 화살표)과 하류(사진 아래 쪽) 쪽 계곡 전경

▲ 태풍 미탁이 지나간 하루 뒤 폭포로 변한 2, 3차 천이점 모습(2019. 10. 3)

이들 천이점은 앞에서 얘기하였듯이 평소에는 물이 흐르지 않습니다. 그러나 큰 비가 오면 멋진 폭포로 변합니다. 태풍 '미탁'이 지나간 하루 뒤인 오늘(10월 3일) 한천에 갔습니다. 예상대로 천이점들은 폭포로 변했습니다. 폭포로 변한 3개의 천이점은 마치 서귀포의 천제연 폭포들처럼 3단의 폭포가 되어 있었습니다.

만약 한천에 상시로 물을 흐르게 하여 늘 폭포를 볼 수 있게 한다면 천제연 폭포만큼 웅장하지는 않지만 한천에 있는 3단 폭포, 용연, 인접한 용두암이 어우러지면서 제주도에서도 손꼽히는 관광지가 될 가능성이 있을 것 같습니다.

쇠소깍

네이버에 따르면 제주 관광 관련 키워드 검색 순위 1위는 우도였고, 이어서 성산일출봉, 섭지코지, 쇠소깍 순으로 나타났습니다. 피서철인 여름에는 쇠소깍이 다른 자연 명소를 누르고 검색 순위 1위에 올랐습니다(연합뉴스, 2017.7.6.). 성산일출봉에 앞설 정도의 관심을 받는 쇠소깍은 효돈천이 바다와 만나는 지점에 길이 280m, 폭 30~80m 정도로 발달해 있는 협곡입니다. 바다와 하천이 만나는 곳에 발달한 깊은 협곡, 그 곳으로 들어온 푸른 바닷물, 협곡 주변에 있는 울창한 소나무와 난대림은 이곳을 경치 좋기로 소문난 명승지로 만들었습니다. 특히 쪽빛 물색은 아름답기 그지없습니다. 이뿐만 아니라 쇠소깍이 있는 하효동은 제주 감귤의 주산지로 유명합니다. 겨울 무렵에 가면 노랗게 물든 감귤밭이 쇠소깍 만큼이나 아름답습니다. 이렇게 아름다운 곳에서도 '제 버릇 개 못준다'고 하듯이 조사만 했습니다. 그래도 염치가 있어 몇 가지 활동을 은밀하게 했습니다. 놀러와서까지 조사하는 것을 집사람이 별로 좋아하지 않기 때문입니다.

▲ 검은 실선(효돈천), 초록색원(쇠소깍), 푸른원(돈네코), 삼각형(한라산)

쇠소깍[20] 주차장에 차를 주차한 후 쇠소깍 쪽으로 가면서 효돈천을 살펴보았습니다. 놀랍게도 효돈천은 쇠소깍을 경계로 상・하류간의 경관 차가 극명했습니다. 쇠소깍 상류부의 효돈천은 물이 흐르지 않고, 넓은 용암 암반만 덩그렇게 있는 전형적인 제주도 하천입니다. 반면 하류의 쇠소깍은 제주에서 명승지로 지정할 만큼 짙은 푸른빛의 바닷물이 가득한 아름다운 협곡입니다. 이 같은 차이는 비유하면 같은 동네인데도 한 쪽은 수십 층의 화려한 고층 빌딩 지역이고, 다른 한쪽은 쓰러져가는 슬럼가인 것과 비슷합니다. '왜 이렇게 다른지, 쇠소깍의 협곡은 왜 하구의 일부 구간에만 나타나는지?'라는 의문이 들었습니다.

▲ 쇠소깍에서 200~300m 상류의 효돈천 하상

20) 쇠소깍의 원래 이름은 '쇠둔'이었습니다. '소가 누워있는 형태'라는 뜻의 제주어입니다. 그런데 소가 누워있는 형태에 더하여 효돈천이 바다와 만나는 곳에 깊은 웅덩이가 있다는 것을 나타내기 위해서인지, 소를 의미하는 '쇠', 웅덩이를 나타내는 '소' 그리고 끝을 의미하는 '깍'이라는 의미로 '쇠소깍'으로 부르게 되었다고 합니다(네이버 지식백과: 한국민족문화대백과).

▲ 하구에서 본 쇠소깍 전경

▲ 조면암질 용암 속에 발달한 쇠소깍 전경

쇠소깍의 위치부터 살펴보았습니다. 쇠소깍은 천제연, 천지연, 정방폭포와 같이 서귀포 해안에 있습니다. 쇠소깍의 지질을 보았습니다. 이들 역시 앞에서 얘기한 폭포들과 같은 조면암입니다. 조면암은 현무암과 달리 점성이 높아 빨리 굳기 때문에 해안가에서는 바다와 높이 차가 큰 지형을 만듭니다. 그리고 천제연과 천지연 폭포 하류에도 쇠소깍 같은 협곡이 발달해 있습니다. 유사한 특징이 여러 가지였습니다. 이로 볼 때, '수 만년 혹은 그 보다 더 오래전에 효돈천 하구에 정방폭포와 같은 폭포가 있었고, 그것이 오랜 세월 침식으로 깎이면서 상류 쪽으로 후퇴한 결과로 쇠소깍이 발달한 것은 아닐까'라는 생각을 하였습니다.

과거 효돈천 하구에 있었을 것으로 추정한 폭포의 후퇴 과정을 상상해 보았습니다. 효돈천은 제주의 다른 하천들처럼 물이 거의 흐르지 않습니다. 그러나 큰 비가 오면 효돈천에는 많은 물이 빠르게 흐르면서 크고 작은 돌들을 운반합니다. 빠르게 흐르든 물이 폭포에 이르면 유속은 더욱 빨라지고, 하천이 운반하든 돌의 침식력은 강해집니다. 이런 과정이 수 만년 동안 지속적으로 반복되면 폭포수가 떨어지는 부근은 침식으로 깎이면서 점차 상류 쪽으로 후퇴합니다. 그리고 후퇴한 폭포 하류 쪽에는 폭포 높이와 후퇴한 길이만큼 골짜기가 생깁니다. 쇠소깍은 이 같은 과정으로 발달했을 가능성이 있습니다. 이런 추론으로 폭포의 후퇴 흔적을 찾기로 하였습니다. 만약 쇠소깍이 폭포의 후퇴로 발달한 협곡이라면 어디엔가 하천 경사가 급격히 변하는 곳('천이점'이라 합니다. 폭포도 일종의 천이점입니다)이 있을 가능성이 있기 때문입니다. 이런 생각으로 쇠소깍 여행의 하이라이트인 카누를 탔습니다.

여기서도 집사람 모르게 은밀히 조사했습니다. 손은 노를 젔지만 눈은 끊임없이 좌우를 살피고, 입으로는 경치 이야기를 하지만 머릿속으로는 지형을 살폈습니다. 쇠소깍 끝에서 하천 경사가 급변하는 지점인 천이점을 발견했습니다. 비가 오면 여기는 폭포로 변할 것입니다. 지도를 보면서 추론했던 증거를 찾았습니다. 집사람에게 미안하여 발견의 즐거움조차 조용히 누리면서 사진을 찍었습니다. 증거를 확보하기 위해서입니다.

▲ 쇠소깍 말단에 있는 1차 천이점

증거를 찾았으니 여유롭게 카누를 탄 후, 폭포의 후퇴 흔적을 좀 더 살펴보기 위해 쇠소깍 상류로 갔습니다. 천제연에는 3개의 폭포가 있고, 한천의 용연계곡에는 비가 오면 폭포로 변하는 천이점이 3곳이나 있습니다. 따라서 여기도 몇 개의 천이점이 있을 것으로 생각하였습니다. 예측한대로 쇠소깍 상류에도 폭포 후퇴로 발달한 천이점(2차 천이점이라 칭함)이 있습니다. 2차 천이점의 높이는 쇠소깍 말단에 있는 1차 천이점의 두 배가 넘을 정도로 높았습니다. 그리고 2차 천이점과 1차 천이점 사이에는 깊은 협곡이 발달해 있습니다. 협곡의 크기를 지도로 측정해보니 길이는 대략 160m 정도, 폭은 넓은 곳이 15m 정도, 깊이는 10m 정도 되었습니다. 이 같은 특징으로 볼 때 과거 효돈천 하구에 있었던 천이점으로서 폭포가 후퇴한 곳은 2차 천이점까지이고, 후퇴한 구간에 협곡이 발달했는 것으로 볼 수 있습니다.

▲ 1차 천이점(흰색 화살표 지점)을 경계로 한 쇠소깍의 상 · 하류 전경

▲ 쇠소깍에서 본 상류부 협곡 전경

▲ 쇠소깍 상류부 협곡 말단과 2차 천이점

같은 부모 밑에 태어나도 생긴 것이 다르고, 차이나는 삶을 살듯이 같은 천이점 이동으로 발달한 협곡이지만 쇠소깍과 그 상류 협곡의 경관은 천양지차입니다. 쇠소깍은 하상에서 용천이 솟아나고, 바다보다 고도가 낮아 바닷물이 들어옵니다. 반면 쇠소깍 상류의 협곡은 바다보다 하상이 높을 뿐만 아니라 용천이 없어 물이 흐르지 않습니다. 이로 인해 안타깝게도 협곡만 덩그렇게 있습니다. 같은 원리로 만들어진 계곡이지만 바다의 영향이 미치는 효돈천 하구부인 쇠소깍은 제주도가 명승 제78호로 지정하여 보호, 관리하는 곳이지만 그 상류 계곡은 내놓은 자식 같습니다. 2차 천이점보다 상류 쪽의 효돈천은 물이 흐르지 않는 건천이고, 하상 바닥은 용암이 굳은 암반으로 된 제주도 어디서나 볼 수 있는 그렇고 그런 하천입니다. 아름다운 쇠소깍이 있는 효돈천이지만 자세히 보면 위치에 따라 전혀 다른 모습의 하천입니다.

오늘은 쇠소깍을 답사하면서 사건 현장에서 은밀히 증거를 찾고, 사건 과정을 머릿속으로 그려보는 탐정처럼 하루를 보냈습니다. 그 출발은 '왜 효돈천 하구 450m 구간에만 깊은 협곡이 발달했느냐'입니다. 네이버 백과사전의 한국민속대백과에는 '효돈천의 하각작용으로 좁고 긴 협곡이 발달했다'라고 되어 있습니다. 문제는 왜 하구에서 450m 구간에만 하각작용이 활발하게 일어났느냐 입니다. 특정 구간, 그것도 최하류의 일정 구간에만 집중되어 하각작용이 일어났을 때는 어떤 이유가 있을 것입니다. 또 다른 문제 인식은 하각작용이 끝난 부근에 천이점이 높게 발달해 있다는 점입니다. 왜 이 곳에서 갑자기 하각작용이 끝났고, 그 곳에 높은 천이점이 있느냐 입니다. 그것을 '폭포의 후퇴'라는 관점에서 추론해 보았습니다. 그런데 이것은 지도와 현지 관찰로만 이루어진 것입니다. 이 때문에 이 같은 추론이 맞다고 장담할 수 없습니다. 따라서 추론의 타당성을 위해서는 보다 정밀한 조사가 필요합니다. 맞고, 틀리고를 떠나 상상의 즐거움을 느끼는 답사적인 여행을 해 보았습니다.

▲ 쇠소깍(흰색 화살표 A), 1차 천이점(흰색 화살표 1), 2차 천이점(흰색 화살표 2)

돈내코

제주도에는 광대왓, 여의물, 쇠소깍, 섭지코지, 사려니와 같은 특이한 지명이 많습니다. 이런 지명이 제주도 관광에 한 몫 하는 것 같습니다. 화산 지형이라는 독특한 경관에 이름조차 의미를 알 수 없는 것이니 뭔가 있는 것 같은 호기심을 자극하기 때문입니다. 토속어가 관광에 꽤 이바지 하는 것 같습니다.

서귀포로 가는 도로가의 이정표에도 특이한 이름들이 있습니다. 이 중에서도 독특한 것은 '돈내코'입니다. 한글이고, 한국 사람인 제주도민이 사용하는 이름인데 도대체 무슨 뜻인지 알 수 없었습니다. '돈'은 얼른 생각하니 돼지를 의미하는 것 같기도 한데 '내코'는 무슨 뜻인지 알 수가 없습니다. 네이버 지식백과에는 '돈내코'는 '야생 멧돼지[돈]들이 물을 마시던 하천[내]의 입구[코]에서 흐르는 물'이라는 의미라고 하지만 정확하지는 않다고 합니다. 용천을 조사하면서 하천 중상류의 대표적인 용천 지역인 돈네코를 조사하려고 했지만 일정이 맞지 않아 미루어 두었다가 오늘(8. 31) 왔습니다.

▲ 1: 돈내코의 원앙폭포, 2; 쇠소깍

돈내코를 조사하려 했던 것은 그것의 위치 때문입니다. 돈내코는 쇠소깍을 만든 효돈천의 지류인 영천의 중류에 있습니다. 육지 하천의 중류에서야 돈내코와 같은 경관이 비일비재하지만 제주도 하천에서는 정말로 특이합니다. 특히 물놀이를 할 수 있을 정도로 많은 물이 흐르는 곳을 제주도 하천, 특히 중류에서 찾기란 정말 쉽지 않습니다. 그런데 돈내코는 여기가 제주도 하천이 맞나 싶을 정도로 많은 물이 흐릅니다. 게다가 이곳에는 '원앙 폭포'라는 이름도 예쁜 5m 높이의 폭포가 있습니다. 그리고 일반적으로 폭포 아래의 소는 깊어서 접근할 수 없는 곳이 많습니다만 원앙폭포 아래는 물놀이가 가능한 수심이어서 많은 사람들이 옵니다. 물은 10분 정도 있기 어려울 정도로 차갑습니다.

▲ 원앙폭포

잘 알다시피 제주도 하천은 지질과 지형 특성으로 강수의 대부분이 지하로 스며듭니다. 이 때문에 제주 하천은 물이 흐르지 않는 건천이 대부분입니다.

지하로 스며든 물은 대수층이라 불리는 암석 틈 사이를 따라 서서히 흐르다가 어떤 원인으로 지표 밖으로 솟아납니다. 지하수가 솟아나는 곳을 '용천'이라 부르고, 그 물을 '용천수'라 합니다. 용천이 하곡의 벽이나 바닥에 있으면 그 곳에서 솟아난 물이 하천으로 흐릅니다. 이 때문에 제주도 하천에 물이 흐르면 십중팔구 주변에 용천이 있습니다. 물의 양은 용천의 규모에 따라 달라집니다. 돈내코 지역에 물이 흐른다는 것은 이 주변에 용천이 있다는 뜻입니다. 원앙폭포 상류에는 '돈내코물'이라 불리는 용천이 있습니다. 원앙폭포를 만들고, 육지 하천에서 볼 수 있을 정도로 많은 양의 물이 흐르게 만든 용천수가 솟아납니다. 1932년에 돈내코물을 간이수도로 개발하여 주변 지역 주민들에게 식수를 공급하였다고 합니다. 부근 암벽에는 당시의 간이수도 개설을 기념하여 '돈내코 수도 기념'이란 글씨와 함께 기부자들의 이름을 새겨 놓고 있습니다. 그런데 아쉽게도 돈내코물이 솟아나는 원지점은 지형이 매우 험난하여 접근하기가 어렵다고 합니다(네이버 지식 백과).

▲ 원앙 폭포가 있는 계곡의 곡벽에서 쏟아나는 용천수

▲ 돈내코 계곡의 곡벽에 쏟아나는 용천수(흰색 원안)

▲ 돈내코 계곡

용천은 지하의 대수층을 따라 흐르던 지하수가 암석이나 지층의 틈을 통해 지표면으로 솟아나는 곳입니다. 지하에 있던 대수층이 지표 밖으로 노출되려면 지형 변화가 있어야 합니다. 예를 들면 대규모 지진과 같은 지각활동이 일어나면 땅이 갈라지거나 솟아오르면서 지하에 있던 지층이 지표 밖으로 노출됩니다. 이 때 땅 속에 있던 지하수가 포함된 대수층이 지표 밖으로 노출될 수 있습니다. 그런데 우리나라는 일본, 칠레와 같은 환태평양조산대의 나라들과는 비교가 되지 않을 정도로 지각 활동이 안정되어 있습니다. 그래서 지각활동으로 지층이 노출될 가능성이 아주 적습니다. 이런 지역에서는 하천의 침식이 가장 중요합니다. 하천이 오랜 세월, 땅을 깎아서 골짜기를 만들면 그것의 벽과 바닥의 지층은 지표 밖으로 노출됩니다. 이 때 운 좋으면 대수층도 노출될 수 있고, 대수층 속의 지하수가 지표 밖으로 용출될 수 있습니다.

돈내코의 계곡은 영천이 오랫동안 침식하여 만든 곳입니다. 영천의 침식에 의해 땅이 깎여나가면서 골짜기가 만들어지고, 그 과정에 지하에 있던 지층들이 지표 밖으로 노출되기 시작하였습니다. 침식이 지속되면서 골짜기 깊이는 깊어지고, 계곡의 곡벽과 바닥에 있는 지층도 더 많이 노출되었습니다. 이 과정에 지하수가 담긴 대수층도 지표 밖으로 노출되면서 드디어 지하수가 용출하였습니다. 이런 과정으로 오늘날의 돈내코가 만들어졌습니다.

원앙 폭포로 흘러내리는 물과 돈네코 계곡을 흐르는 물이 용천수라는 것은 말하자면 제주 삼다수가 폭포수이고, 삼다수에서 수영하는 것과 같습니다. 특히 돈내코는 진짜 삼다수를 추출하는 지역과 비슷한 고도인 중산간에 위치하기 때문에 이 곳 용천수는 제주도 어느 곳보다 맑고 깨끗한 지하수일 것입니다. 물이 티 없이 맑고 차가운 것도 지하수이기 때문입니다. 지표수인 육지 하천의 물과는 질적으로 다릅니다. 돈내코는 제주의 화산이 제주에 준 크나큰 선물입니다.

원앙폭포에 가서 사진에서 보는 용천도 찾아보고, 원앙 폭포와 계곡으로 흐르는 물은 폭포 상류에 있는 용천인 돈내코물에서 비롯된 것임을 이해하면서 이곳을 즐기는 것도 좋을 것 같습니다.

제주의 폭포

제주도를 대표하는 폭포인 천제연, 천지연, 정방 폭포를 보러 갔습니다. 전공이 지리라서 무엇을 볼 때는 위치부터 살핍니다. 세 폭포들이 제주도에서, 서귀포에서, 그리고 하천에서 어떤 위치적 특징이 있는지 살펴보았습니다. 재미있게도 이들은 한라산 남쪽의 서귀포 해안을 따라 동서로 발달해 있었습니다. 서쪽에서 동쪽으로 가면서 천제연, 천지연, 정방 폭포 순으로 발달해 있고, 정방폭포에서 동쪽으로 약 600m쯤으로 가면 해안가에 소정방 폭포가 있었습니다.

▲ 서쪽에서부터 천제연, 천지연, 정방, 소정방 폭포 위치

무엇이, 특정 지역에, 유사한 위치로, 일련의 규칙성을 갖고 분포하면 거기에는 어떤 이유가 있습니다. 서귀포 해안을 따라 동서로 네 개의 폭포가 일련의 방향성과 연속성을 갖고 발달한 것에도 그럴만한 이유가 있을 것입니다.

▲ 천제연 제1 폭포

▲ 천지연 폭포

▲ 정방폭포 전경

▲ 소정방 폭포(출처: 비짓 제주(https://www.visitjeju.net))

제주도 동·서·북쪽과 달리 남쪽인 서귀포 해안에 폭포가 많다는 것은 이 지역에는 바다와 육지 간에 높이 차가 크다는 뜻입니다. 지형 간에 높이 차가 크려면 Ⅱ 장의 '제주도의 지형과 용암'에서 보았듯이 완만한 지형을 만드는 파호이호이 용암보다는 높낮이가 큰 지형을 만드는 아아 용암이 좋습니다.

제주도 서부와 동부 지역은 점성이 작아 멀리 이동하면서 경사가 완만한 넓고 평탄한 땅을 만드는 파호이호이 용암으로 되어 있습니다. 이 같은 특성으로 제주도 동부와 서부 해안 지역의 지형은 고도차가 거의 없이 바다로 연결됩니다. 따라서 이 지역에는 폭포가 발달하기 어렵습니다. 이들과 달리 남부인 서귀포시와 북부인 제주시 지역은 점성이 높아 멀리 이동하지 못하여 높낮이 차가 큰 지형을 만드는 아아 용암으로 되어 있습니다. 용암류의 특징만으로 보면 서귀포시와 제주시 모두 폭포가 발달하기 좋은 조건입니다. 그런데 제주시에는 폭포가 없고, 서귀포시에는 폭포가 많습니다. 이는 두 지역의 암석의 차이 때문입니다. 제주시 지역은 아아 용암으로 되어 있지만 점성이 낮아 멀리 흘러가는 현무암 지역입니다. 반면 서귀포의 해안은 점성이 강해 멀리 이동하지 못하는 조면암 지역입니다. 용암의 점성 차이로 서귀포 지역은 제주시 지역보다 바다와 육지 간에 고도차가 큰 지형이 발달했습니다(제주특별자치도, 2019). 이것이 제주시에 비해 서귀포시의 해안을 따라 폭포가 많이 발달한 이유입니다.

또 다른 이유는 융기와 침강, 그리고 화산 활동입니다. 제주도에는 여러 번의 융기와 침강이 있었습니다. 이 과정에 제주도 남부는 동쪽과 서쪽보다 약 60m 높아졌고, 북부보다는 약 100m 더 높아졌습니다. 이로 인해 제주도는 전체적으로 남쪽이 높고, 북쪽이 낮은 형태가 되었습니다. 이렇게 발달한 지형이 침강하여 다시 해저 밑에 가라앉았습니다. 그리고 지금으로부터 대략 180만년에서 50만년 전에는 해저에서의 화산활동이 활발하게 일어났습니다. 당시 화산활동으로 인한 폭발과 퇴적은 서귀포 지역을 중심으로 남에서 북으로, 서에서 동으로 진행되었습니다. 서귀포는 화산활동의 중심이어서 다른 지역보다 더 높아졌습니다. 이상의 침강과 융기, 화산활동의 결과로 오늘날 서귀포 지역은 다른 지역보다

60~95m 더 높아졌습니다(부성안 외 5인, 2005). 이 같은 요인들로 제주도 동, 북, 서쪽 해안의 대부분은 내륙과 바다가 고도 차 없이 연속적으로 이어지지만 제주도 남쪽 해안에는 내륙과 바다가 수십 m 높이의 절벽으로 나누어집니다. 바다와 육지를 나누는 해식애는 서귀포 해안을 따라 높고, 길게 발달해 있습니다.

▲ 올레길 7코스 상에 있는 해식애

한편 제주도 하천은 지질적 특성으로 평소에는 물이 흐르지 않다가 비가 오면 물이 흐릅니다. 그런데 어떤 하천은 특정 구간에서 항시 물이 흐릅니다. 이런 경우는 그 주변에 반드시 용천이 있습니다. 이는 폭포수가 떨어지기 위해서는 그 상류에 용천이 있어야 한다는 뜻입니다. 이런 특성을 잘 볼 수 있는 곳이 천제연 제1폭포와 제2, 3폭포입니다. 천제연 1폭포는 상류에 용천이 없이 비가 올 때만 폭포수가 떨어집니다. 반면 1폭포 아래에는 용천으로 인해 '천제연'이라 불리는 깊이 20m에 이르는 폭호(앵글속의 지리학(하), 2011)가 형성되어 있습니다. 이곳에서 사시사철 용천수가 흐르니 그 하류에 있는 천제연 제2와 제3폭포에는 늘 폭포수가 떨어집니다.

▲ 천제연 제2폭포

▲ 천제연 제3폭포

용천을 만드는 지하수가 발달하기 위해서는 땅 밑 일정 깊이에 지하수가 스며들 수 없거나, 스며들기 어려운 '불투수층 또는 난투수층'이라 부르는 지층이 있어야 합니다. 지하수는 이 지층 위에는 저장됩니다. 제주도에서 불(난)투수층 역할을 하는 지층이 서귀포층입니다. 따라서 서귀포층은 제주도 사람들의 생명수인 지하수를 만든 토대라고 하여도 과언이 아닙니다.

▲ 지하수 생성과 서귀포층의 관계(1: 서귀포층, 2: U 층, 3: 기반암. 출처: 교래곶자왈 생태체험관)

이렇게 중요한 서귀포층은 지금부터 180만 년에서 50만 년 사이, 제주도가 아직 바다 밑에 있었던 시기에 만들어졌습니다. 이 시기는 지금 같은 제주도가 발달하지 않았던 때입니다. 당시에는 오늘날의 제주도 주변 바다에서 화산활동이 활발하게 일어났습니다. 이로 인해 제주 바다에는 수많은 수성 화산이 발달했습니다. 이들 수성화산들은 오랜 시간 침식작용을 받아 암설(암석 부스러기)들을 생성하고, 이들은 주변의 얕은 바다에 퇴적되었습니다. 이런 과정 속에서 발달한 지층이 서귀포층입니다.

수성 화산체의 침식으로 형성된 암설들이 퇴적된 서귀포층은 역질 사암, 사암, 사질 이암, 이암 등이 교대로 퇴적되었고, 해저에서 퇴적되었기 때문에 조개 화석도 많습니다. 서귀포층은 퇴적물의 특성으로 조직이 치밀하여 지하수가 투과하기 어렵습니다. 서귀포층이 제주도 지하수 생성의 핵심 역할을 하는 것도 이 때문입니다.

서귀포층이 퇴적된 50만 년 이후부터 오늘날의 제주도를 만든 육상에서의 화산활동이 본격적으로 시작되었습니다. 이때의 화산활동으로 오늘날의 용암대지와 한라산이 발달했습니다. 그리고 제주도 지질의 90% 이상이 물이 스며들기 좋은 현무암으로 되었습니다. 육상 화산활동의 산물인 현무암은 해저 화산활동의 산물인 서귀포층 위에 있습니다. 용암대지와 한라산의 발달, 그리고 '서귀포층 위에 현무암'이라는 지층의 순서는 비가 오면 빗물이 지하로 스며들고, 불(난)투수층인 서귀포층 위의 현무암층에 지하수가 축적되는 환경을 만들었습니다.

▲ 서귀포 항에 있는 서귀포층(그림에서 상층부의 절벽은 조면암이며, 그 아래 경사진 사면의 암석들은 서귀포층이다)

▲ 서귀포층에 포함된 조개 화석

▲ 역질 사암, 사암, 사질 이암, 이암 등이 호층을 이루면서 퇴적된 서귀포층

용천의 발달과 위치에 중요한 역할을 하는 서귀포층은 지역에 따라 분포 고도가 다릅니다. 제주도 북쪽과 서쪽, 동쪽 해안에는 서귀포층이 해수면 보다 수십 m 아래에 있습니다. 이로 인해 이 지역은 지하수가 모여 있는 대수층의 분포 고도도 해수면보다 낮습니다. 반면 서귀포 지역은 앞 페이지의 사진에서 보듯이 서귀포층이 해수면보다 훨씬 높은 곳에 있습니다. 당연히 대수층도 해수면 보다 높습니다. 대수층의 분포 고도로 인해 제주도 북, 동, 서 지역에는 용천이 해안가에 있지만 서귀포 지역에는 바다보다 수십 m 높은 곳에 용천이 있습니다. 이것이 서귀포 지역에 아름다운 폭포를 발달시킨 중요한 원인입니다.

Ⅸ

제주의 산 여행

사진: 눈 덮인 한라산 남벽

1

한라산: 영실기암

사진: 영실기암의 병풍바위와 오름들

6월의 영실기암

1. 주차장에서 윗세오름까지

한라산은 5월 말이나 6월 초에 열리는 철쭉제 시기가 가장 좋다는 제주대 교수님들의 이야기로 아껴두었던 한라산을 올랐습니다.

▲ 한라산 등반로(출처: http://www.jeju.go.kr/hallasan/info/info.htm)

한라산을 오르는 코스는 5가지입니다. 성판악 코스, 관음사 코스, 영실 코스, 어리목 코스, 그리고 돈네코 코스가 그들입니다. 이 중 관음사(출발지: 620m)와 성판악 코스(출발지: 750m)는 등반 시간이 길고, 난이도는 높지만 백록담까지 갈 수 있습니다. 반면 영실(출발지: 1280m)과 어리목 코스(출발지: 970m)는 등반 시간은 짧고, 난이도는 낮지만 백록담은 볼 수 없고 한라산 남벽만 볼 수 있습니다. 돈네코 코스는 서귀포 쪽에서 올라오는 코스로, 출발지 고도가 500m 부근으로 가장 낮습니다. 그래서 시간이 오래 걸립니다. 그리고 이 코스 역시 한라산 남벽을 목적지로 합니다. 각 코스는 각각의 장단점이 있습니다. 앞서 등반한 사람들이 남긴 블로그와 카페의 정보를 토대로 시간이 짧고, 난이도가 낮으며 경치는 가장 좋은 영실 코스를 택했습니다.

▲ 영실기암의 병풍바위 전경

어제부터 한라산 철쭉제가 시작되었습니다. 영실 쪽으로 한라산을 오른 탐방객들의 블로그와 카페의 정보에 의하면 5시 30분에 주차장 입장이 가능한데, 철쭉 축제 때는 많은 사람들이 몰려 주차하기도 힘들다고 합니다. 아침 6시 30분쯤 숙소를 출발하여 산록 북로를 타고 1100m 고지를 지나 7시가 조금 넘어 영실기암 주차장에 도착했습니다. 우려와 달리 주차는 쉬웠습니다. 월요일 아침

이른 시간이어서 탐방객은 적었습니다.

주차 후, 소나무 숲으로 난 등반길로 걷기 시작했습니다. 제주도 소나무는 껍질이 검은 곰솔(검은 솔이라 부르다가 곰솔로 바뀌었습니다)로 알려진 해송이 대부분입니다. 그런데 이 곳 소나무는 제주도에서 보기 힘든 껍질이 붉은 소나무입니다. 소나무 아래는 조릿대가 무성합니다. 이런 경관으로 이곳 소나무 숲길은 2001년 제2회 '전국 아름다운 숲' 대회에서 우수상을 받았습니다. 소나무 숲길에는 제주도에서 듣기 힘든 물소리가 들립니다. 계곡으로 물이 흐르는 것으로 보아 주변에 용천이 있는 것 같습니다. 반면 비슷한 위치의 다른 계곡에는 물이 흐르지 않습니다. 용천이 지배하는 제주도 하천의 특성을 여기서도 보았습니다.

▲ 영실기암으로 가는 소나무 길

소나무 숲을 지나니 가파른 계단이 나타났습니다. 병풍바위를 오른쪽에 두고 꽤 가파른 나무 계단을 올라갔습니다. 본격적인 등산이 시작되었습니다. 위로 올라갈수록 환상적 경관이 나타났습니다. 우측에는 신비로운 병풍바위가 있고, 해안 쪽에는 산방산, 송악산이 보입니다. 이 보다 좋은 것은 해안 쪽에 넓고 평탄한 용암대지가 있고, 그 뒤에 완만한 경사의 순상화산체가 있으며, 이들 위에 봉긋봉긋 솟아있는 오름들을 보는 것이었습니다. 이들 지형의 위치를 통해 용암대지가 가장 먼저 만들어지고, 그 위에 한라산이 만들어지고, 이들을 뚫고 오름이 만들어지는 과정을 상상하였습니다. 상상이 주는 즐거움을 만끽하면서 계단을 올랐습니다. 날씨까지 너무 맑아 가파도와 마라도가 보였습니다. 이런 멋진 경관들이 육체의 힘듬을 몇 배 상쇄하였습니다. 그래서 그런지 가파른 계단을 오르는데도 힘이 들지 않았습니다.

▲ 영실기암에서 본 산방산

병풍바위 끝 부근에서부터는 완만한 경사의 지형입니다. 이곳에서부터 구상나무 군락이 나타났습니다. 소나무과로서 우리나라 특유의 나무인 구상나무는 한라산에서는 1400m부터 나타납니다. 구상나무들 사이에 솟아있는 고사목은 독특한 멋을 갖고 있습니다. 죽은 나무가 산 나무보다 멋있을 수 있다는 것이 놀라웠습니다. 구상나무 군락을 지나니 순상화산체 정상부의 넓은 용암평원이 나왔습니다. 이 곳은 온통 조릿대 밭입니다. '선작지왓'이라 불리는 이곳은 높은 고도라서 조릿대와 철쭉 같은 키 작은 나무들이 전체를 덮고 있습니다. 전망대가 있는 '윗세족은 오름'으로 올라가는 사면에 철쭉이 만개했습니다.

한라산 정상부 부근인 선작지왓 주변에는 곳곳이 오름입니다. 가까운 주변만 보아도 전망대가 있는 '윗세족은 오름', 물맛이 끝내주는 용천인 노루샘터 앞의 '윗세누운 오름', 대피소가 있는 '윗세 오름', 그 동남쪽의 '윗세붉은 오름' 등이 있습니다. 이들 오름은 백록담을 형성된 이후에, 그 주변에서 발달한 작은 화산들입니다.

▲ 구상나무와 고사목

▲ 오름들 모습

전망대에 올라 용암대지, 순상화산체, 용암원정구인 한라산 정상부, 백록담과 오름 순으로 이어지는 제주도의 발달 과정을 눈으로 보고, 머리에 그리며 화산 활동을 상상했습니다. 상상은 늘 즐거움을 줍니다.

▲ 용암 원정구인 한라산 정상부

드디어 용암평원 위에 우뚝 솟은 둥근 기둥 모양의 용암원정구인 한라산 정상부가 나타났습니다. 한마디로 장엄했습니다. 감동이 온 몸을 휘감습니다. '제주도에 왔구나'라는 느낌을 받았습니다. 책을 쓰기 위해 세달 동안 제주도 구석구석을 다녔습니다. 여러 사람들을 만났습니다. 그러면서 제주도에 대해 '조금 알겠다'라는 생각도 했습니다. 그런데 한라산을 오르면서 이제까지 나는 '제주도'라는 코끼리 다리를 더듬었다는 것을 알았습니다. 한라산이 곧 제주도였습니다. 한라산에 감동한 집사람은 한라산으로 가는 모든 코스를 오르겠다는 의지를 불태웁니다.

2. 윗세오름에서 남벽까지

해발고도 1700m인 윗세오름 대피소에서 잠시 휴식한 뒤, 한라산 남벽으로 갔습니다. 이 코스는 한라산 정상부의 서쪽 벽을 돌아서 남쪽 벽의 끝까지 이어집니다. 윗세오름 대피소에서 남벽까지의 거리는 2.2km이며, 소요 시간은 1시간 정도입니다. 고도에 비해 평탄한 곳을 따라 설치된 나무데크 위에서 장엄한 한라산 정상부와 신기하기까지 한 서벽과 남벽을 보면서 걸었습니다. 걷는 자체가 힐링이고, 눈에 보이는 모든 것이 감동이었습니다. 오늘처럼 날씨까지 도와준다면 더 바랄 것이 없을 정도로 완벽했습니다.

▲ 한라산 정상부 남쪽의 용암 원정구 모습

영실, 어리목, 돈네코 코스의 하이라이트인 한라산 정상부의 가파른 서벽과 남벽은 종모양의 가파른 경사를 가진 용암원정구의 일반적 특성입니다. 이 같은 지형은 온도가 낮고, 유동성이 적은 용암이 분화구 위로 밀려올라온 후 옆으로 약간 퍼지면서 발달합니다. 이 때문에 마치 종의 옆면처럼 가파른 벽을 갖습니다. 그래서 종상화산이라고도 합니다. 원래 용암원정구에는 분화구가 없습니다. 한라산 정상부의 용암 원정구가 만들어진 시기는 25,000년 전에서 100,000년전까지 다양하게 제시되고 있습니다. 이 시기에 만들어진 용암 원정구를 뚫고 조면현무암질 용암이 흘러내리면서 직영 585m, 깊이 112m의 백록담 분화구 만들어졌습니다. 이 시기는 적어도 2만 년 전으로 보고 있습니다(제주특별자치도, 2019).

▲ 한라산 정상부 남쪽의 용암 원정구 모습

한라산 주변은 1700m가 넘는 고산지역이어서 조릿대가 천지를 덮고 있습니다. 이들 사이에 철쭉이 피어있습니다. 조릿대, 철쭉, 그리고 파란 하늘의 조화는 무엇으로도 표현하지 못할 만큼 아름답습니다. 한라산과 하늘의 조화는 환상이라 해도 과언이 아닐 만큼 아름답습니다. 사진에 담긴 풍경은 눈에 담은 풍경의 극히 일부분이고, 마음에 담은 감동의 새 발의 피입니다. 이런 한라산이 우리나라에 있다는 것에 걷는 내내 감사했고, 지금 내가 여기에 있다는 사실에도 감사했습니다.

▲ 한라산 남벽으로 가는 등산로 주변의 조릿대 전경

▲ 한라산 남쪽 용암 원정구 부근의 용천 모습

남벽으로 오는 도중에 용천을 보았습니다. 지표 바로 밑에서 물이 솟고 있었습니다. 아마도 지표 밑에는 불투수층이 있지 싶습니다. 이런 층이 없으면 물은 땅 밑으로 스며들어 버리기 때문에 지금처럼 솟아날 수가 없습니다. 제주도 용천의 92%는 해발고도 200m 이하의 해안 지역에 있습니다. 고산지역에 있는 용천은 전체 용천의 2.3%에 불과합니다. 한라산의 영험한 기운 때문인지 고산지대에서 귀하디귀한 용천을 3군데나 봤습니다.

▲ 노루샘터 모습

남벽의 끝에 도착했을 때의 시간은 10시 30분이었습니다. 주차장에서 7시쯤에 출발했으니 3시간 30분 걸렸습니다. 30분 정도 쉬다가 11시쯤 하산을 시작했습니다. 돌아오는 길에 다시 보는 한라산 남벽과 서벽, 조릿대와 철쭉은 여전히 아름답고 감동적인 풍경이었습니다.

그런데 구상나무 군락지를 지나 계단으로 내려오면서부터 문제가 발생하였습니다. 쉬지 않고 계단을 내려와야 하기 때문입니다. 좁은 계단을 많은 사람들이 오르내리기 때문에 여유를 부릴 수가 없습니다. 그리고 200여 m를 계단으로 내려와야 하기 때문에 무릅에 무리가 갔습니다. 젊은 사람들은 모르겠지만 나이 든 사람들에게는 꽤 힘든 하산이 될 것 같았습니다. 그래도 내려오면서 보는 영실기암과 제주도 풍경은 아침만큼은 아니지만 여전히 아름다웠습니다. 하산의 힘든 때문인지 한라산 모든 코스를 정복하려고 열의에 불탔던 집사람도 다시 생각해 본다고 합니다. 주차장에 돌아왔을 때는 13시 30분이었습니다. 올라갈 때보다 1시간이나 빨리 내려왔습니다.

▶ 6월의 영실을 다시 간다면 오늘보다 1시간쯤 일찍 출발하겠습니다. 이른 아침의 한라산 기운이 너무 좋고, 날씨도 이때가 가장 맑기 때문입니다. 사람이 적어 오르내리기도 편합니다. 여유를 갖고 경치를 감상하고 감동을 느낄 수 있습니다. 여유롭게 휴식을 즐길 수도 있습니다.

반면 오후가 되면 많은 것이 불편해 집니다. 오늘도 아침에는 티 없이 맑은 하늘이었는데 점심때가 지나면서 뿌연 하늘로 변했습니다. 그리고 9시부터 등반객이 많아집니다. 오를 때도 문제이지만 내려올 때는 좁은 계단에 올라오는 사람과 내려오는 사람들로 인해 혼잡하기 그지없습니다. 그래서 가능하면 일찍 올라가는 것이 좋습니다. 오늘도 우리가 올라갈 때 이미 내려오는 사람들이 있었습니다. 그리고 내려올 때를 위해 무릎 보호대를 갖고 가는 것이 좋을 듯합니다. 물론 등산화를 신어야 합니다.

눈 내린 영실기암

제주도에 일년 가까이 있으면서 봄, 여름, 가을 풍경은 만끽하였습니다. 그런데 겨울의 눈은 보지 못했습니다. 언론에서도 기사화할 정도로 올해 겨울은 유독 따뜻하고, 눈도 오지 않기 때문입니다.

> 1월 7일 제주지방기상청 관측 예보에 따르면 제주시의 최고 기온은 오전 10시 섭씨 20.7도까지 올랐다 … 이번 기온은 1월 기록으로는 1923년 관측 이래 최고 기록이다 (프레시안, 2020.1.7).

1월 12일에 제주민속오일장에 갔더니 반팔 옷을 입고 다니는 사람들도 있었습니다. 돌아갈 날은 다가오고, 눈은 오지 않고, 기상 예보만 수시로 보았습니다. 이런 정성에 감동했는지 1월 14(화)일 드디어 눈이 내렸습니다. 며칠 전 기상 예보에는 14일에 눈이 온다고 되어 있어 잔뜩 기대를 하였습니다. 13일에는 몇 번이나 잠을 깨어 창밖을 보았습니다. 새벽에는 눈이 오지 않았습니다. 예보가 잘못된 것인지 걱정하다가 자는 둥 마는 둥 동틀 무렵 깨어나니 눈이 내리기 시작하였습니다.

눈이 오면 가장 먼저 가고 싶은 곳은 제주 삼나무길과 영실기암입니다. 이곳은 제주에서 가장 좋아하는 곳이기도 하지만, 블로그에서 본 눈 오는 삼나무길과 영실기암 모습이 환상적이었기 때문입니다. 이 때문에 눈이 오면 가장 먼저 가려고 늘 염두에 두었습니다.

아침을 먹자마자 스노우 체인을 달고 5.16도로로 갔습니다. 스노우 체인 없는 차량을 통제한 덕택(?)에 눈 오는 제주 삼나무길의 절경을 만끽하였습니다. 사려니 숲으로 가서 삼나무 숲에 내린 환상적인 눈을 감상하고는 눈 내린 용눈이 오름을 보고 싶어 한달음에 갔습니다. 그런데 이쪽으로 갈수록 눈이 비로 바뀌었습니다. 알고 보니 제주에는 눈이 오는 예보가 있어도 고도에 따라 상황이 다르다고 합니다. 높은 곳은 눈이 오고, 그 아래는 진눈깨비, 더 아래는 비가 온다고 합니다. 제주 삼나무길과 사려니 숲에는 많은 눈이 내리는데, 고도가 이들보다 훨씬 낮은 용눈이 오름에는 온통 비가 왔습니다. 김영갑 사진작가가 사랑하였던 눈 오는 용눈이 오름은 보지 못하였습니다. 숙소로 오는 길에 본 '제주마방목지'의 설경도 압권이었습니다.

▲ 눈 내리는 제주 삼나무길

▲ 눈 내리는 사려니 숲길

▲ 제주마방목지 설경

1월 15일(수), 영실기암에 갔습니다. 아침 8시 30분에 숙소를 나와 산록 북로와 1100도로를 따라 갔습니다. 이들 도로에 눈이 없었습니다. 제주에는 눈이 많이 오기 때문에 제설작업을 빨리 한다는 이야기가 사실이었습니다. 9시쯤 1 주차장에 도착하였습니다. 그런데 주차장 관리인이 '영실기암에 더 가까운 2 주차장까지의 2.5km 구간은 눈이 많이 와서 스노우 체인을 하지 않으면 올라갈 수 없으니 스노우 체인을 하고 가든지, 아니면 길 가에 차를 세워두고 걸어서 올라가라'고 합니다. 배낭을 메고, 신발에 아이젠까지 차고 2.5km 언덕길을 올라갔습니다. 30여 분 걸어 2 주차장에 도착하였습니다. 한 숨 돌린 후, 한라산 남벽 등반의 시작인 소나무 숲길로 들어섰습니다. 여름에 보았던 푸른 소나무 숲은 숲대로, 눈으로 덮인 소나무 숲은 그것대로 멋이 있습니다. 굳이 비교하자면 푸른 소나무와 흰 눈이 조화를 이루는 지금이 더 좋습니다.

▲영실기암으로 올라가는 초입의 소나무 길

소나무 숲을 지나 병풍바위로의 본격적인 등반을 위해 계단을 올랐습니다. 6월 초에 영실기암에 왔을 때는 눈에 보이는 지형들을 제주도의 화산활동과 관련하여 상상하고, 추론하면서 등반하였습니다. 주변 경관의 아름다운만큼 상상의 즐거움도 컸습니다. 그런데 오늘은 즐기기만 하였습니다. 지형 발달을 상상하고, 추론하는 모든 것을 압도하고, 그런 행위를 하찮게 만들 정도로 풍경이 환상적이었기 때문입니다. 눈 덮인 나무들 사이로 보이는 병풍바위는 차갑지만 신비롭고, 아름다웠습니다. 병풍바위를 지나면 나타나는 구상나무 군락의 주인은 더 이상 나무가 아닙니다. 이곳의 주인은 눈입니다. 구상나무는 눈이라는 주인을 위해 서 있는 나무일뿐입니다. 살아있는 구상나무이든, 죽은 구상나무이든 모두가 눈 덮인 나무뿐입니다. 조릿대로 덮여 있던 선작지왓 역시 그냥 눈밭입니다. 구상나무 군락지 끝자락에서부터 보이기 시작하는 한라산은 다가갈수록 입이 떡 벌어질 정도로 아름답습니다. 표현할 단어가 없을 정도입니다. 눈으로 보고, 가슴으로 감동하는 것 이외에 할 수 있는 일이 없는 곳이 눈 덮인 한라산입니다. 자연의 위대함에 저절로 머리가 숙여졌습니다.

▲ 눈 내린 병풍바위

▲ 병풍바위 쪽 등반로 설경

▲ 눈 덮인 구상나무와 고사목

▲ 눈 덮인 선작지왓과 까마귀

▲ 눈 덮인 한라산 남벽 전경

▲ 눈 덮인 한라산 남벽 전경

▲ 구상나무 군락지 넘어 보이는 한라산 남벽

▲ 눈 덮인 한라산 남벽 전경

제주도에 살면서 알게 된 한 가지는 한라산이 곧 '제주도'라는 사실입니다. 그 외 모든 것은 '한라산'이라는 제주도를 구성하는 부품들입니다. 이 때문에 한라산에 오면 제주도가 우리 땅이고, 한라산이 우리나라 산이라는 것에 한없이 감사하게 됩니다. 눈이 내리면 보이는 모든 것에 감탄하고, 하늘에 감사만 하게 되는 곳이 한라산입니다.

2

오름

사진: 다랑쉬 오름

▲ 일출봉(1), 산방산(2), 지미오름(3), 다랑쉬오름(4), 용눈이오름(5), 따라비오름(6), 도돌오름(7), 두산봉(8), 당산봉(9)

제주 1경『일출봉』

▲ A:일출봉, B: 오조포구, C: 광치기해변

유채꽃으로 유명한 광치기 해변에 가면 썰물 때 평평하고 수평의 층리를 가진 완전히 굳지 않은 퇴적층을 볼 수 있습니다. 겉모습은 단단한 바위처럼 보이지만 돌로 치면 쉽게 부서집니다. '신양리 층'이라 불리는 이것은 모래보다 작거나 비슷한 크기, 또는 이들보다 큰 화산 분출물들이 퇴적되어 발달한 것입니다. 퇴적층 속에는 조개껍질도 있는데, 이것의 연대는 4,500년 전후로 측정되었습니다(안웅산, 2016). 이때는 고, 양, 부의 세 신인이 탐라국을 만들기 직전입니다.

신양리 층을 만든 화산재와 화산력은 성산 일출봉에 있는 것들이 파랑에 의해 침식되고 해류에 의해 운반되어 광치기 부근에 퇴적된 것입니다(박명호, 김지훈, 서광수, 2005). 이 때문에 성산 일출봉도 이 무렵에 만들어진 것으로 보고 있습니다. 일출봉의 화산 활동 시기는 대개 약 5,000~7,800년 전쯤으로 보고 있습니다(안웅산, 2016). 이 시기는 신석기에 해당합니다.

▲ 썰물시 광치기 해변에 노출된 신양리층

구석기부터 제주도에 사람들이 살았으니 신석기에도 당연히 사람이 있었습니다. 제주도의 신석기 유적은 제주도 전역에 있습니다. 성산 일출봉 인근의 신석기 유적은 오조리와 온평리, 구좌읍 월정리, 그리고 김녕리 일대에 있습니다. 이들의 위치로 볼 때 신석기인들은 일출봉을 만든 화산 폭발을 보았거나 들었을 가능성이 높습니다. 화산 폭발은 하루 만에 끝나는 것이 아니라 여러 날 지속되었기 때문입니다.

상상하면, 어느 날 지금의 일출봉 주변에는 바닷물이 부글부글 끓었을 것입니다. 그리고 얼마 후 강력한 폭발과 함께 화산재와 화산력이 섞인 연기와 수증기가 하늘 높이 솟아올랐을 것입니다. 이 부근에 살았던 신석기인들은 처음 보는 광경에 당황하고, 겁이 나서 대부분은 도망갔을 것입니다. 그 중에서 일부는 이것을 구경했을지도 모릅니다. 평생 처음 보는 무시무시한 광경에 신석기인들은 하늘이 노하여 이런 일이 발생하였고, 앞으로 무슨 일이 일어날지 모른다고 사시나무 떨듯이 떨었을 것입니다. 하늘에 제사도 지냈을 것입니다. 그럴 가능성이 충분했을 것입니다. 바다에서의 화산 폭발은 육지의 그것과 많이 다르기 때문입니다.

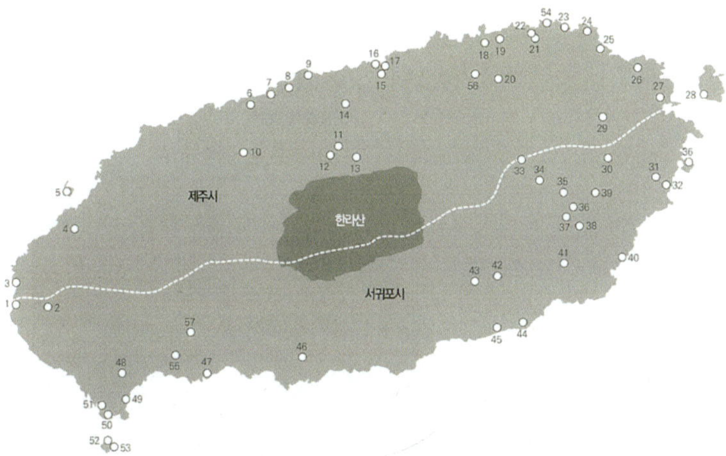

▲ 신석기 유적(흰 원) 분포도(출처: 국립제주박물관)

육지에서의 화산과 달리 바다에서 화산 폭발이 발생하면 1200℃쯤 되는 어마어마하게 뜨거운 마그마는 차가운 바닷물과 만나게 됩니다. 이럴 경우 바닷물은 팥죽 끓듯이 격렬하게 끓습니다. 이는 프라이팬에 있는 뜨거운 기름에 물을 떨어뜨리며 끓고 튀는 것과 비슷합니다. 그러다가 폭발합니다. 수증기를 머금은 화산재와 화산력들은 하늘 높이 솟아올랐다가 화구 주변으로 떨어집니다. 바다가 부글부글 끓고 강력한 폭발이 일어나고, 하늘은 수일 동안 안개와 구름으로 자욱했을 것이니 얼마나 두려웠겠습니까? 게다가 일출봉이 해안 가까이 있어 화산 폭발로 사망한 신석기인들도 있었지 싶습니다.

하늘 높이 솟아올랐던 화산재와 화산력들이 화구 주변에 차곡차곡 쌓였습니다. 아마 초기의 일출봉의 사면은 현재보다 완만했을 것입니다. 그런데 바다에 접한 화산체의 맨 아래쪽이 파랑의 지속적 침식으로 깎여나가면서 그 위쪽의 화산체 퇴적물들도 떨어져 내렸을 것입니다. 이런 현상이 반복되어 현재와 같은 가파른 경사를 가진 화산체가 되었을 것입니다. 이 같은 추론은 바다에 접한 일출봉의 북쪽, 남쪽 사면은 아주 가파르고, 외해에 접한 일출봉의 동쪽과 내해쪽인 서쪽의 형태가 비대칭적인 것에서 잘 알 수 있습니다.

▲ 수직에 가까운 일출봉 북쪽 사면

▲ 외해 쪽인 동쪽은 가파르고, 서쪽은 완만한 경사의 일출봉 전경

▲ 성산 일출봉 화구와 육계사주 전경(출처: 제주세계자연유산센터)

제주도 오름의 대부분은 제주도 내륙에서 구릉지처럼 있습니다. 오름은 원추형이어서 완만한 사면으로 되어 있고, 나무나 초지로 덮여 있습니다. 그런데 일출봉은 화산재와 화산력들로 쌓인 화산체가 가파른 경사로 바다 가운데 우뚝 솟아있습니다. 이 때문에 화구로 올라가는 길은 아주 가파릅니다. 계단으로 된 길을 몇 번 쉬면서 올라갈 정도로 가파릅니다. 쉴 때마다 보는 주변 경관은 정말 아름답습니다. 한라산과 일출봉 서쪽의 오름들 뿐만 아니라 우도도 보입니다. 이뿐만 아니라 일출봉과 제주도 본토를 연결하는 광치기 해변이 한 눈에 보이면서 그것의 특징을 잘 이해할 수 있습니다. 그런데 광치기 해변 특징을 잘 보려면 밀·썰물 때를 맞추어 올라오는 것이 좋습니다. 밀물 때보다 썰물 때가 일출봉 주변 경관을 이해하는데 더 좋습니다.

힘들게 올라가지만 일출봉의 거대한 화구를 보는 순간 모든 힘듬은 사라집니다. 힘듦보다 몇 배의 가치를 보상받습니다. 푸른 바다 속에 광대한 화구는 성벽 같은 화구륜(화구를 둘러싼 능선)이 둘러싸고 있습니다. 그 모습이 마치 성벽으로 둘러싸인 성채와 같다하여 '성산(城山)'이라 부릅니다. 가장 동쪽에 있어 '일출봉'이라 부릅니다.

▲ 일출봉 전망대에서 본 화구 전경

▲ 일출 시 일출봉 전경

일출봉은 해저에서 만들어진 화산인데 섬이 아니라 육지와 연결되어 있습니다. 원래부터 이런 모습이었냐 하면 그렇지 않습니다. 원래는 섬이었습니다. 화산 발달 초기, 즉 대략 5,000년 전에서 700년 전까지는 섬이었습니다. 역사 시대로 보면 신라와 고려 중기까지 일출봉은 섬이었습니다. 당시에 일출봉 서쪽의 오조 포구 앞은 지금과 달리 외해로 넓게 열려있는 바다였으며, 일출봉은 바다 가운데 섬처럼 있었습니다. 그래서 고려 중기까지는 일출봉이라기보다 '일출도'라 했는지도 모릅니다. 그러하였던 일출봉이 육지와 연결되었습니다. 그렇게 된 것은 겨우 700~800년 정도밖에 되지 않습니다(지광훈 외 3인, 2008). 그 때는 고려 말인 1200~1300년대입니다.

육지와 연결된 과정은 이러합니다. 앞에서 이야기하였듯이 일출봉에 쌓여 있던 화산재와 화산력들은 파랑의 침식으로 깎여 떨어졌습니다. 이들은 해안

가까이서 흐르는 '연안류'라 부르는 해류에 의해 약 3,000년 전부터 일출봉에서 육지 쪽으로 이동하였습니다(지광훈 외 3인, 2008). 조금씩 높이를 높여가면서 육지 쪽으로 이동하던 화산재와 화산력의 퇴적물들이 마침내 육지까지 다다랐습니다. 이런 지형을 '사주'라고 합니다. 한자어로 풀이하면 모래 기둥이라는 뜻입니다. 이렇게 되면서 일출봉은 더 이상 섬이 아니라 육지와 연결된 땅이 되었습니다. 육지와 연결된 섬을 '육계도'라고 하고, 섬과 육지를 연결한 모래 지형을 '육계사주'라고 합니다. 따라서 일출봉은 육계도이고, 광치기 해변은 육계사주입니다. 일출봉과 육지를 연결하는 육계사주가 형성된 시기는 앞에서 이야기하였듯이 대략 700~800년 전쯤입니다. 당시, 일출봉 해안에서 오래 살았던 사람들은 섬이 육지가 되는 것을 보면서 '세상에 이런 일이'라고 하였을 것입니다. 할아버지들은 손자들에게 '할아버지 어릴 때는 여기는 바다였다'라고 얘기했을 것입니다. 어떤 사람은 '여기가 바다 속 용왕이 사는 세상과 연결되는 곳은 아닐지'라는 생각을 했는지 모릅니다. 바다가 육지가 되었기 때문입니다.

시간이 지나면서 육계사주의 고도는 점차 높아졌습니다. 밀물 때도 잠기지 않는 땅이 되면서 언제든지 일출봉으로 갈 수 있게 되었습니다. 육지와 완벽하게 연결된 것은 육계사주인 광치기 해변에 도로가 생긴 1940년부터입니다. 이때에 이르러 일출봉은 육지와 완벽하게 연결되었습니다(https://www.visitjeju.net/kr/).

▲ 육계사주인 광치기 해변과 육계도인 일출봉(출처: https://www.visitjeju.net/kr/)

아름다운 성산일출봉도 우리나라 역사와 아픔을 같이 하고 있습니다. 1943년에는 일본군이 이곳을 요새화하기 위해 일출봉 해안절벽에 24개의 굴을 팠습니다. 굴속에 폭탄과 어뢰 등을 감춰두고 일전에 대비했지만 제대로 사용하지 못하고 패전하였습니다. 이 굴은 이후 해녀의 탈의장으로 사용되기도 했습니다(https://www.visitjeju.net/kr/).

▲ 일출봉 남쪽의 가파른 해식애와 일본군 갱도(출처: https://www.visitjeju.net/kr/)

한라산을 닮은 『산방산』

▲ 산방산 전경

위의 사진은 용머리 해안의 하멜 기념관이 있는 스페르메르호 앞에서 찍은 산방산 전경입니다. 조선시대 영주 12경 중 하나로 손색이 없을 정도로 아름답습니다.

숙종 28년(1702년) 제주 목사로 부임한 이형상이 제주도 전역을 순력할 때, 오늘날에 비유하면 사진기자에 해당할 화공이 따라 다니면서 목사의 순력 모습을 그렸습니다. 이것을 '탐라순력도'라 합니다. 여기에도 산방산이 나옵니다. '산방배작'이라는 제목의 그림에는 산방산의 자연굴인 산방굴에서 술잔을 따르는 모습을 그려져 있습니다. 그림을 보면 목사를 수행하던 군인들을 비롯한 수행원들은 산방산 아래에 있고, 일부 수행원과 목사는 산방굴에서 술을 나누는 모습을 볼 수 있습니다.

▲ 이형상 목사 초상(출처: 제주목관아 역사관)

▲ 산방배작(출처: 탐라순력도)

산방배작에서 보듯이 산방산 중턱에는 굴이 있습니다. 산방굴이라 합니다. 굴은 그림처럼 크지는 않습니다. 산방산 남쪽 사면의 동쪽 한 구석에 있는 아주 작은 굴입니다. 굴의 규모는 너비 5m, 높이 5m, 길이 10m 정도입니다.

이곳으로 올라가는 길은 만만치 않습니다. 주차장에서 481개의 계단을 올라야 산방굴에 도착합니다. 가파른 사면에 설치된 계단이어서 꽤 힘이 듭니다. 산방굴로 올라가면서 '계단이 없었을 조선시대, 여기를 올라왔을 이형상 목사 일행은 나보다 힘들었겠구나'라는 생각을 하였습니다.

산방굴 안에는 불상이 있습니다. 그래서 이곳을 '산방굴사'라고 부릅니다. 언제 만들어졌는지 모르지만 고려시대의 고승 혜일이 거처했다고 알려져 있으며, 조선 후기에 대정 고을로 유배를 왔던 추사 김정희가 자주 찾아왔다고도 알려져 있습니다(네이버 지식 백과, 신정일의 새로 쓰는 택리지 7-제주도). 굴안의 천장에서 떨어지는 물은 건강에 효험이 있는 약수로 알려져 있습니다. 오늘(10월 4일)은 태풍 미탁이 온 지 이틀 뒤이어서 그러한지 구멍 뚫린 지붕에서 빗물이 쏟아지듯이 지하수가 떨어졌습니다. 산방산이라는 이름은 산 속에 방(산방굴)이 있다하여 '산방산'이라 불리게 되었다하니 산방굴이 산방산 이름의 기원이 된 셈입니다(제주세계자연유산센터).

▲ 산방산과 산방굴사(흰 원) 위치

▲ 삼방굴사 전경

▲ 서귀포 항구 부근의 섶섬 전경

이 같은 의미를 갖는 395m의 산방산은 80만 년 전에 형성된 제주도에서 가장 오래된 화산 중 하나입니다. 한라산은 산방산보다 대략 50만 년 뒤부터 만들어지기 시작했습니다. 산방산이 얼마나 일찍 만들어졌는지 알 수 있습니다. 산방산이 만들어질 당시 제주도는 지금처럼 육지화 되지 않았습니다. 바다 밑에 있었습니다. 당시는 해저에서 화산 활동이 활발하던 시기였습니다. 상상해 보면 산방산이 만들어질 당시, 산방산 주변은 지금과 달리 바다였을 가능성이 높습니다. 아마 어쩌면 현재 서귀포 항구 부근에 있는 섶섬과 비슷한 모습이었을지도 모르겠습니다.

산방산의 가장 큰 특징은 독특한 형태입니다. 마치 종을 엎어 놓은 것 같습니다. 그 모습이 백록담이 있는 한라산 정상부와 비슷합니다. 한라산 정상부를 해안가로 옮겨 놓으면 지금의 산방산과 거의 유사할 것 같습니다. 한라산 정상부처럼 산방산의 사면도 아주 가파릅니다. 사면에는 주상절리들이 긴 기둥처럼 뚜렷하게 발달해 있습니다. 암석의 색상도 제주도에서 쉽게 보는 검은색의 현무암이 아닌 회색에 가깝습니다.

형태적으로, 색상적으로 볼 때 산방산의 발달 과정은 백록담이 있는 한라산 정상부와 비슷합니다. 한라산 정상부를 만든 조면암질 용암은 이산화규소(SiO_2)의 함양율이 현무암보다 높습니다. 이산화규소의 함양율이 높을수록 점성은 높고, 색상은 밝습니다. 산방산 역시 조면암질 용암으로 되어 있습니다. 점성이 높은 조면암질 용암이어서 멀리 흘러내리지 못하고, 화구 주변에 쌓이면서 높이를 높여가다가 종국적으로 돔상의 형태로 발달하였습니다. 그리고 80만 년이라는 오랜 세월동안 화산체의 사면이 침식되어 오늘날과 같은 가파른 사면을 갖게 되었습니다.

산방산 아래에는 제주도 남서쪽 해안을 감시하였던 산방 연대가 있고, 그 아래에는 하멜 기념비가 있습니다. 해안에는 하멜이 타고 왔던 스페르메르호와 같은 형태의 배가 있고, 배안에 하멜 기념관이 있습니다. 기념관은 갑판에서부터 배 밑까지 3층으로 구성되어 있고, 각 층마다 하멜과 관련된 자료들이 잘 정돈되어 전시되어 있습니다. 당시 선원들 모습을 모형으로 만들어 배안에서의 생활을 이해하도록 해 두었습니다. 또한 각 층 전시관에는 네덜란드에서 출발, 제주 표류, 조선에서의 생활, 탈출, 하멜표류기 작성 과정뿐만 아니라 17세기 중엽 조선의 정치, 경제, 지리, 사회, 문화의 특성과 주변 나라와의 관계 등, 당시 세계를 이해하는데 많은 도움이 되는 내용들이 전시되어 있습니다. 이런 좋은 전시물을 대부분은 훽 돌아보고 나갑니다. 천천히, 찬찬히 읽었으면 합니다.

▲ 산방 연대

▲ 하멜 기념비

▲ 하멜 기념관인 하멜이 타고 왔던 스페르메르호 모형

개인적 생각입니다만 산방산 경관은 송악산 둘레 길에서 볼 때 가장 아름답습니다. 산방산을 중심으로 오른쪽에는 아름다운 낙조로 유명한 박수기정, 왼쪽에는 수성화산인 단산, 그리고 해안을 따라서는 맑고, 푸른 바다와 함께 걷는 올레길 10코스인 사계해안이 있습니다. 이들 뒤에는 한라산이 장엄하게 서 있습니다, 이들이 어우러진 모습은 한마디로 장관입니다. 그것을 송악산에서 볼 수 있습니다.

▲ 송악산에서 바라 본 산방산(사진 왼쪽: 산방산, 왼쪽 끝: 단산)

▲ 산방산 주변 경관

일출봉과 우도 전망이 최고인 『지미오름』

제주도의 발달 과정에서 보면 오름은 가장 어린 화산입니다. 이는 다른 지형이 만들어진 다음에 만들어졌다는 뜻입니다. 그래서 오름은 평탄한 용암대지와 완만한 경사의 한라산체 위에 있습니다. 이런 위치로 인해서 오름은 주변 지형보다 수십 m에서 수백 m 높게 우뚝 솟아 자연이 만든 전망대 역할을 합니다. 오름의 정상부에 오르면 동서남북 사방이 막힘없이 보입니다. 화구가 있는 경우 둥근 화구 정상부를 따라 걸으면 어디에서든 사방이 조망됩니다.

▲ 일출봉에서 본 종달리 해변과 지미 오름(1)

일출봉의 북서쪽이자 우도 서쪽의 종달리 해안에 있는 지미 오름(165.8m)은 종달리 해안의 넓고 평탄한 용암대지 위에 솟아 있습니다. 이 곳 해안 지역은 고도가 5m 정도이니 지미 오름과 160m 정도 높이 차가 있습니다. 이 때문에 지미 오름은 비유하면 종달리 해안의 54층 아파트 옥상에 있는 전망대와 같습니다.

▲ 지미 오름에서 본 일출봉과 오조포구의 식산봉 전경

▲ 지미 오름에서 본 우도(사진 좌측)와 일출봉(사진 우측)

지미 오름 정상에 올라서면 푸른 바다와 하늘, 성산 일출봉과 우도. 그리고 주변 취락들이 어우러진 경관을 볼 수 있습니다. 이들을 보면 그냥 '우와~!'라는 감탄사 밖에 나오지 않습니다. 이 보다 더 좋은 표현을 찾을 수가 없습니다. 특히 제주도 동쪽 해안에 위치하여 기가 막힐 정도로 아름다운 우도와 일출봉 전경을 볼 수 있습니다. 이뿐만 아닙니다. 남쪽의 한라산과 그 앞의 오름들도 한 눈에 들어옵니다. 한라산과 어우러진 오름들의 전경은 바다와 어우러진 일출봉과 우도만큼 아름답습니다. 적절한 표현인지 모르겠지만 한라산과 오름의 조화는 우아하기까지 합니다.

지미 오름에 서면 사방이 초록색인 제주의 서쪽 전경이 한라산, 오름, 바다, 섬과 어우러져 그려내는 전경은 어떻게 표현할 수가 없을 정도로 아름답습니다. 그래서 눈에 보이는 모든 전경에 '우와'라는 감탄사만 연발합니다.

▲ 지미 오름에서 본 한라산과 오름들

이런 조망력을 가진 지미 오름을 오를 때는 앞만 보고 오르지 말고 자주 뒤를 돌아 봐야 합니다. 곳곳에서 일출봉과 우도가 보이기 때문입니다. 나무 사이로 보이는 일출봉과 우도는 정상에서 보는 것과 또 다른 멋짐이 있습니다. 지미 오름을 오르내릴 때 가장 좋은 코스는 1 코스입니다.

▲ 지미 오름으로 올라가는 과정에서 본 일출봉

김영갑 작가가 사랑한 『용눈이 오름』

지미 오름에서 본 우도와 일출봉의 아름다움에 감탄하여 내친 김에 오름을 하나 더 오르기로 했습니다. 집사람이 용눈이 오름을 추천했습니다. 루게릭병에도 불구하고 김영갑 갤러리 '두모악'을 개설했고, 시류에 휩쓸리지 않는 작품 활동을 했던 김영갑 작가가 사랑한 곳이 용눈이 오름이라 하였습니다. 김영갑 작가가 사랑한 오름을 보고 싶은 마음에 한 걸음에 갔습니다.

▲ 용눈이 오름 전경(사진 오른쪽의 작은 봉우리가 알오름이다)

용눈이 오름의 첫 인상은 '부드럽다, 친근하다'였습니다. 이런 첫인상은 완만하게 낮아지는 부드러운 능선 때문입니다. '능선'의 부드러움은 용눈이 오름을 특징짓는 핵심입니다.

제주 오름의 대부분은 화구에서 솟아올랐던 '송이'라고 부르는 스코리아[21]들이 화구 주변에 떨어져 쌓여 발달했습니다. 화구 주변에 쌓였던 스코리아들이 밑으로 흘러내리면서 오름은 원추형으로 발달합니다. 이로 인해 화산체의 사면 경사가 급합니다. 위로 올라갈수록 경사는 더 급해집니다. 그래서 오름을 오를 때는 꽤 힘이 듭니다. 그런데 용눈이 오름은 다른 오름들에 비해 오르기가 쉽고, 형태도 다릅니다.

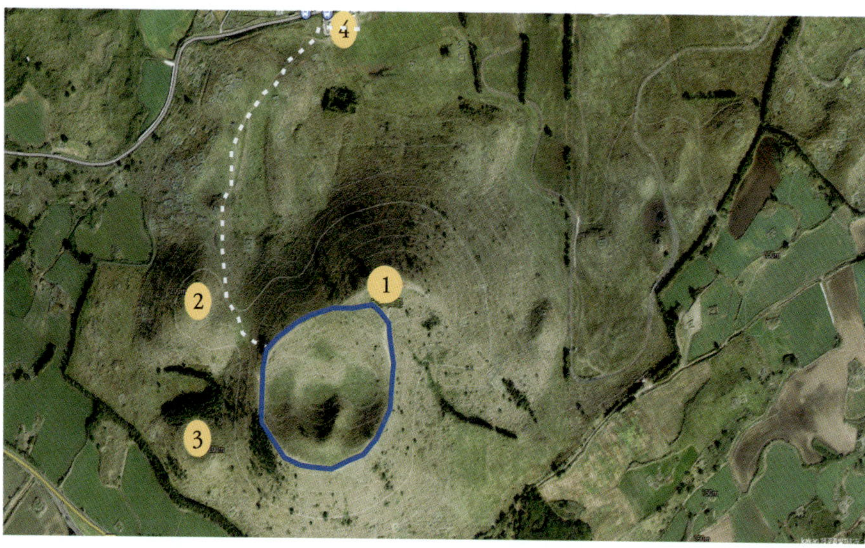

▲ 용눈이 오름 정상(1), 알오름(2), 화구가 있는 작은 오름(3), 주차장(4), 등반로(흰색 점선), 용눈이 오름 화구를 둘러싼 능선(푸른 색 실선)

용눈이 오름은 중심 화산체(247.8m)가 있고, 그 서쪽 사면에 '알오름'이라는 작은 오름이 붙어있습니다. 알오름의 능선은 북쪽으로 500m 정도 떨어진 주차장 부근까지 이어집니다. 이로 인해 용눈이 오름에서 알오름으로, 그리고 알오름에서 주차장 쪽으로 능선은 완만한 형태로 서서히 낮아집니다. 용눈이 오름으로

21) 현무암질 용암이 소규모의 폭발식 분화로 방출될 때 만들어지는 적갈색의 공기 구멍이 많은 다양한 크기의 화산쇄설물을 지칭한다. 스코리아는 공기구멍(기공)은 많지만 부석보다는 무거워 물에 뜨지 않는다(권혁재, 1999, 두산백과).

올라가는 길은 이 능선을 따라 이어집니다. 용눈이 오름의 첫인상이 부드럽고, 친근하게 느껴진 것도 오름의 서쪽에서 북쪽으로 이어지는 완만한 능선 때문입니다. 형태가 다른 오름들과 다른 것도 이 때문입니다. 접근이 용이하니 사람 친화적인 오름이라 할 수 있습니다. 김영갑 작가가 좋아할 이유가 있었습니다.

천천히 오름을 올랐습니다. 몇 개의 무덤이 있습니다. 몇 곳은 상당히 웅장한 무덤이며. 다른 몇 곳은 소박하고, 초라한 무덤입니다. 제주 사람들이 무덤을 만들 때 가장 신경 쓰는 곳은 무덤을 둘러싼 돌담인 '산담'입니다. 여기에 많은 돈이 들기 때문에 산담계를 만들어 상부상조하기도 합니다. 산담의 규모가 웅장하면 그만큼 많은 돈이 들어간 것입니다. 산담이 적으면 그 반대입니다. 특히 원형의 산담이 그러합니다. 그런데 여기에 원형의 산담으로 둘러싸인 무덤과 산담이 아예 없는 무덤이 있습니다. 웅장한 무덤으로 보건데 여기가 풍수적으로 길지인지도 모르겠습니다. 그래서 '가진 것은 없지만 좋은 땅에 부모를 묻고 싶었던 자식의 효심이 웅장한 무덤 옆에 작은 무덤을 만든 것은 아닐지'라는 생각을 했습니다.

▲ 용눈이 오름에 있는 둥근 산담의 무덤

알오름을 지나 용눈이 오름 쪽으로 올라가면 작은 화구를 가진 아담한 오름이 있습니다. 마치 수십 칸의 양반집(용눈이 오름) 대문간에 있는 행랑채 같은 오름입니다. 이곳을 지나면 용눈이 오름의 화구를 둘러싼 봉우리들을 이은 능선(화구륜이라 합니다)이 나옵니다. 능선은 북쪽과 남쪽이 높고, 동쪽과 서쪽, 특히 서쪽이 많은 트여진 형태입니다. 이로 볼 때, '화산 폭발 시 화구의 서쪽이 붕괴되면서 이쪽으로 화산분출물이 흘러내렸을 것으로 짐작됩니다.

▲ 용눈이 오름 서쪽 사면에 있는 작은 화구를 가진 오름

▲ 화구를 둘러싼 남쪽(1), 북쪽(2), 동쪽(3), 서쪽(4) 능선

▲ 화구 속 3개의 작은 분화구(사진 오른쪽: 서쪽, 왼쪽: 동쪽 화구 끝)

화구는 독특하게도 세 개의 작은 분화구가 모여 커다란 하나의 화구를 만들었습니다. 형태로 미루어 볼 때 용머리 오름을 만든 중심 폭발 이후에 중심 화구 속에 독립된 화구를 만들 정도의 분화들이 있었던 것 같습니다. 중심 화구에서 여러 번의 분화뿐만 아닙니다. 용눈이 오름과 그 주변에 있는 알오름 및 작은 화구의 오름으로 볼 때, 용눈이 오름 주변에서도 여러 번의 화산 활동이 있었던 것 같습니다.

오름은 위치에 따라 경관이 달라지기 때문에 오름을 오를 때는 오름 주변에 어떤 것들이 있는지 확인하고 오르는 것이 좋습니다. 감상의 목적에 따라, 감상할 지역에 따라 적절한 오름을 선택하는 것이 좋습니다.

우도와 일출봉이 있는 해안에 위치한 지미 오름은 이들을 보는데 더 없이 특화된 곳입니다. 용눈이 오름에서도 우도와 일출봉이 보이지만 지미 오름만큼은 아름답지는 않습니다. 반면 용눈이 오름은 내륙에 있고, 주변에는 많은 오름들이 있으며, 오름들 사이는 대부분 초지입니다. 이 때문에 용눈이 오름에서는 수평을 이루는 녹색의 넓은 초원과 그 위에 솟아있는 수직의 오름들이 보여주는 수평과 수직의 조화, 넓은 경작지와 이들의 경계를 따라, 혹은 길 양옆으로 길게 늘어선 나무들이 보여주는 면과 선의 조화가 주는 아름다움을 감상하기에 좋습니다.

▲ 용눈이 오름에서 본 주변 경관

용눈이 오름은 어느 계절에 와도 좋습니다. 계절에 따라 용눈이 오름의 색은 달라집니다. 봄과 여름이 초록이라면 가을은 은빛입니다. 가을의 용눈이 오름의 색은 억새가 만듭니다.

▲ 억새로 뒤덮인 11월의 용눈이 오름 전경

상록활엽수가 주류를 이루는 제주에서 가을을 알리는 전령은 억새입니다. 그래서 육지의 가을이 단풍으로 상징된다면 제주 가을은 억새가 상징입니다. 단풍으로 덮인 육지의 가을이 화려하다면 제주의 가을은 억새로 인해 은은합니다.

바람이 많은 제주여서 억새는 말 그대로 춤을 춥니다. 때로는 부드럽게, 때로는 강하게, 따로 또 같이 춤을 춥니다. 오름을 뒤덮은 억새가 추는 춤은 정말 장관입니다. 천지가 억새로 덮인 제주에서도 이런 모습을 잘 볼 수 있는 곳 중 하나가 용눈이 오름입니다. 오름 전체가 억새로 덮여 있습니다.

오름의 여왕『다랑쉬 오름』

며칠 전 용눈이 오름에서 본 다랑쉬 오름은 화구를 중심으로 화산체의 좌우 대칭이 명확했습니다. 다른 오름들에 비하여 원추형 형태에 군더더기가 없습니다. 마치 흐트러짐 없는 사람처럼 반듯했습니다.

▲ 용눈이 오름에서 본 다랑쉬 오름(왼쪽)과 아끈 다랑쉬 오름(오른쪽)

사전 조사에서 동부 지역에서 두 번째로 높은 곳(월랑봉: 382m)이라 하여 '꽤 힘들겠다'라는 생각을 했습니다. 처음 왔을 때는 예상만큼 힘이 들었습니다. 고도가 높고, 사면 경사가 급하여 오르는 길을 10개의 굽이로 지그재그 식으로 만들어 놓았습니다. 그런데 몇 번 오른 후에는 높이를 알아서 그런지 처음보다는 쉽게 느껴졌습니다만 경험으로 보건데 처음 오는 사람은 꽤 힘이 들 것 같습니다.

화산체 높이에 비해 사면 경사가 급한 것은 분화 특징 때문입니다. 지속적인 분화 활동으로 화산쇄설물(스코리아)이 화구 주변에 쌓이면서 화산체가 성장하고, 사면 경사는 급해집니다. 시간이 지나면서 화산체 위에 떨어진 화산쇄설물들은 점차 아래 쪽으로 굴러 떨어지면서 경사가 30° 가까운 가파른 사면을 만듭니다(제주특별자치도, 2019). 특히 다랑쉬 오름은 화구 규모와 높이로 볼 때, 상당히 강력한 폭발이 있었고, 이로 인해 많은 양의 화산쇄설물이 쌓였던 것 같습니다.

▲ 다랑쉬오름(1), 지미오름(2), 두산봉(3), 식산봉(4), 일출봉(5), 우도(6), 돗오름(7), 둔지봉(8), 용눈이 오름(9)

1/3쯤 올라갔는데 벌써 주변 경관이 눈에 들어옵니다. 동쪽에 아기 다랑쉬격인 아끈 다랑쉬, 지미오름, 두산봉, 식산봉, 우도와, 일출봉, 그리고 동쪽 바다가 한 눈에 보입니다. 동쪽의 넓고 평탄한 초록색의 용암 대지 위에 해안을 따라 봉긋봉긋 솟아있는 오름들은 한 마디로 말해서 예쁩니다.

화구에 도착하여도 최고 고도점인 월랑봉까지 다시 가파른 능선을 따라 50여 m를 올라야 합니다. 참으로 만만치 않습니다. 힘들게 정상에 오르면 다랑쉬오름의 주변 경관이 한 눈에 들어옵니다. 정상에 섰을 때 가장 좋았던 것은 가슴이 뻥 뚫릴 정도로 탁 트인 전망이었습니다. 동쪽은 앞에서 얘기하였듯이 일출봉 주변이 보이고, 서쪽은 비자림의 용암지형을 만든 돗오름, 그 북쪽의 둔지봉과 그 너머의 제주 서쪽이 한눈에 들어옵니다.

▲ 다랑쉬 동쪽의 아끈 다랑쉬와 동쪽 해안의 오름들

▲ 다랑쉬 오름 북서쪽 전경(그림 좌측의 돗오름과 그 앞의 비자림)

다랑쉬 오름의 북서쪽은 오름이 많지 않습니다. 다랑쉬 오름 북서쪽의 둔지봉과 동쪽의 지미 오름 사이, 즉 다랑쉬 오름 북쪽과 북동쪽에는 오름은 보이지 않고, 평탄하기 그지없는 용암대지가 넓게 펼쳐져 있습니다. 남쪽에는 용눈이 오름이 있고, 다랑쉬 오름의 남서쪽에는 한라산과 그 전면에 수많은 오름들이 있습니다. 제주도에서 오름이 가장 많다는 이 곳의 오름들은 경사진 지형 위에 왕릉들이 줄지어 층층이 서 있는 것 같습니다. 층을 이루는 오름의 능선들이 뿜어내는 전경은 신비롭기까지 합니다.

▲ 다랑쉬 오름 북쪽(김녕 해안 주변)의 용암 대지

▲ 다랑쉬 오름 남쪽의 한라산과 오름들

다랑쉬 오름 정상에 서 있는 내내 가슴은 탁 트인 것처럼 시원했습니다. 이 같은 기분은 제주도만이 갖는 녹색 공간의 개방성과 연결성 때문인 것 같습니다. 이런 맛을 느끼기 위해 오름을 오르는 것 같습니다.

▲ 다랑쉬 오름의 화구

화구는 화산체의 크기에 비해 상당히 큽니다. 화구 폭은 360m, 깊이는 112m 정도 됩니다(제주특별자치도, 2019). 규모가 클 뿐만 아니라 형태도 모식적이고, 보전도 잘 되어 있습니다. 높은 고도, 뚜렷하고 큰 화구로 인해 모든 방향에서의 조망이 좋았습니다. '오름의 여왕이라는 이름이 아깝지 않다'라는 생각이 들었습니다.

아름다운 전경과 높은 조망력뿐만 아니라 오름을 경계로 남과 북의 경관 차이가 뚜렷한 것도 좋습니다. 다랑쉬 오름의 북쪽은 아주 평탄한 전형적인 용암대지입니다. 반면 다랑쉬 오름의 남쪽은 오름의 천국이라 할 만큼 많은 오름이 있습니다. 다랑쉬 오름을 경계로 서로 다른 두 경관을 보면서 이들 지형의 발달 과정을 상상하는 것도 재미있습니다. 제주도 형성의 마지막 단계인 10만 년에서 만 년 전 사이에 제주도에 있는 오름의 대부분이 만들어졌습니다. 오름의 분포로 보면, 당시 다랑쉬 오름의 남쪽 지역의 여기저기에서는 오름을 만든 화산 활동이 활발하게 일어났을 것입니다. 곳곳에서 화산이 터지고, 하늘에는 화산에서 분출한 물질들이 솟았다가 땅으로 떨어졌을 것입니다. 마치 전쟁터 같았을 것입니다. 그런 활동이 오랫동안 이루어졌습니다. 반면 다랑쉬 오름의 북쪽은 오름이 아주 적은 것으로 볼 때, 화산 활동이 남쪽과 비교가 되지 않을 정도로 적었을 것입니다. 이로 인해 화산 폭발 시 남쪽에 있었던 동물들과 구석기인들은 상대적으로 안전했던 북쪽으로 달아났을지 모릅니다. 이렇게 현재의 지형을 통해 수만 년 전을 상상하는 것은 옳고 그름을 떠나 또 다른 즐거운 탐구입니다.

오름에서 내려와 오름 입구의 좌우에 있는 숲에는 휴식 공간이 있습니다. 이곳 벤치에서 준비해 간 김밥을 먹으면서 쉬었습니다. 시원한 바람까지 불어서 최고 휴식을 가졌습니다.

가을 억새가 아름다운『따라비 오름』

'오름의 여왕'이라 불리는 오름들이 있습니다. 다랑쉬 오름과 따라비 오름이 그들입니다. 화산체의 좌우 대칭이 명확하여 아름다움을 넘어 우아함과 뛰어난 조망력을 가진 다랑쉬 오름은 오름의 여왕이라 칭하여도 무방할 것 같습니다. 그런데 따라비 오름은 왜 '오름의 여왕'이라고 부르는지 처음에는 이해가 되지 않았습니다.

6월 1일에 따라비 오름에 왔을 때는 적잖게 당황했습니다. 오름의 여왕이라는 곳에 탐방객도 별로 없고, 관리사무실도, 화장실도 없었기 때문입니다. 오름 안내판만 있었습니다. 여기가 맞나 싶을 정도로 휑하였습니다.

오름은 주차장에서 200여 m 정도 떨어져 있습니다. 주차장과 오름 사이는 주변보다 약간 높은 넓고 평탄한 곳입니다. 이곳에 억새가 무성합니다. 억새밭에 서면 오름 주변 경관이 한 눈에 들어옵니다. 오름에 오르기 전에 이미 주변을 조망하고, 억새까지 보았으니 오름에 오르지 않아도 이미 반은 얻은 것 같습니다. 따라비 오름을 유명하게 만든 것이 여기가 아닌 가 생각했습니다. 6월인 지금도 억새가 반짝이는데 가을이면 억새가 얼마나 빛날지 미루어 짐작할 수 있습니다. 이런 풍경으로 오름을 오르면서 집사람과 가장 많이 한 이야기가 '가을에 오면 진짜 좋겠다. 가을에 다시 와야겠다'였습니다. 아닌 게 아니라 따라비 오름 안내판에는 '가을의 따라비 오름이 특히 아름다워 오름의 여왕이라 부른다'라는 설명이 있습니다. 10월 9일에 다시 따라비 오름에 왔습니다. 주차장 앞의 억새가 무성하였습니다. 햇빛에 반짝이며 바람에 날리는 억새는 환상적이었습니다. 오름에 오르기 전에 이미 억새의 아름다움에 취하였습니다. 가을 억새가 아름다운 따라비 오름은 다랑쉬 오름의 남서쪽인 표선면 가시리에 있습니다. 높이는 342m로 다랑쉬 오름과 비슷합니다.

▲ 주차장 주변의 억새와 주변 경관(2019.6.1. 촬영)

▲ 주차장 주변의 억새와 주변 경관(2019.10.9. 촬영)

오름으로 올라가는 코스는 두 가지입니다. 하나는 오름 안내 지점에서 왼쪽(그림의 점선)으로 가는 것이고, 다른 하나는 오른쪽(그림의 실선)으로 가는 것입니다. 두 코스 모두 오름의 둘레를 돌아 올라갑니다. 그런데 왼쪽 코스는 밑에서 오름 정상까지 계단을 올라야 합니다. 반면 오른 쪽 코스는 오름을 돌아, 높고 낮은 오름의 사면을 오르기 때문에 약간의 여유가 있습니다. 어느 쪽이든 만만치는 않지만 동쪽 길이 조금 편할 것 같습니다.

▲ 따라비 분화구(1, 2, 3), 주차장(4), 등반로(점선, 실선)

따라비 오름 정상에도 억새가 무성합니다. 화구를 둘러싼 봉우리들, 특히 서쪽 봉우들의 능선에 억새가 많습니다. 화구 안에도 억새가 가득합니다. 따라비를 오름의 여왕이라 부르는 이유가 있었습니다. 바람이 센 제주도이지만 오름에서 맞는 바람은 장난이 아닙니다. 몸이 휘청거릴 정도입니다. 이런 바람에 휘날리는 억새는 햇빛에 비쳐 더욱 아름답습니다.

▲ 오름 정상에 있는 억새밭

▲ 1번 화구 속의 억새

따라비 오름의 아름다움이 억새에서 비롯된다면 따라비 오름의 가장 큰 특징은 독특한 구조의 화구입니다. 화구가 세 개입니다. 첫째 화구는 화구 전체에서 가장 높은 곳에 위치하면서 규모가 크고, 방향은 다른 두 곳과 달리 가로로 펼쳐져 있습니다(360쪽 그림의 1번 화구). 둘째, 셋째 화구는 첫째 화구 아래에 있으며, 규모는 첫째보다 조금 작고, 형태는 첫째 화구와 달리 원형에 가깝습니다(360쪽 그림의 2, 3번 화구). 이들 세 개의 화구는 커다란 하나의 화구처럼 보입니다. 화구의 형태와 구조로 봤을 때 따라비 오름을 만든 중심 분화가 있었고, 이후에 작은 분화들이 있었던 것으로 추정됩니다.

▲ 따라비 오름의 세 개(1, 2, 3) 분화구

▲ 2번 화구(사진 왼쪽 화구), 3번 화구(사진 오른쪽 화구)

▲ 1번 화구(사진 왼쪽 화구)와 2번 화구(사진 오른쪽 화구)

▲ 북쪽으로 열려있는 3번 화구

세 개의 작은 화구들은 서로를 경계 지우는 능선들로 둘러싸여 있습니다. 이들 각 능선을 따라 탐방로가 있습니다. 여기를 따라 걸으면서 각 화구들의 특성을 볼 수 있습니다. 세 개의 화구 중 형태가 가장 뚜렷한 곳은 2번 화구입니다. 화구의 깊이도 깊고, 화구의 형태도 세 개 중 가장 원형에 가까우며, 화구를 둘러싼 능선의 형태도 명확합니다. 반면 3번 화구는 360, 361쪽의 사진에서 보듯이 북쪽의 능선이 열려있습니다. 아마 분화 시 이쪽이 무너졌고, 이곳으로 화산 분출물들이 흘러내렸을 것으로 여겨집니다. 화구들의 능선을 따라 걸으면서 화구의 형태를 통해 화산 활동을 상상하는 것도 재미있습니다.

▶ 경험에 비추어 제주 여행에서 '걷기 가성비'를 가장 많이 요구하는 곳은 오름입니다. 힘들게 올랐는데 기대한 경관이 아니면 비싼 돈 주고 맛없는 음식 먹은 것 같기 때문입니다. 이런 이유로 좋은 오름의 첫번째 조건은 조망력입니다. 오름을 오를 때와 오름 정상부에서 올랐을 때 볼 수 있는 조망력이 좋은 오름의 가장 중요한 조건입니다. 용눈이 오름이 좋은 것은 오름 전체가 초지여서 오름 정상뿐만 아니라 오름을 오르는 과정에서도 조망이 좋기 때문입니다.

조망의 중요성으로 오름 오르기에 첫째 조건은 날씨입니다. 아무리 좋은 경관을 가진 오름이라도 날씨가 받쳐주지 않으면 힘들게 올라온 것이 헛걸음이 되기 십상입니다. 가장 좋은 날은 비 온 뒤의 맑은 날입니다. 이때는 일반적으로 날씨 좋은 날과는 비교가 되지 않을 정도로 청명합니다. 둘째는 화구 주변의 환경입니다. 오름 정상부가 숲으로 둘러싸여 있다면 그것은 오아시스 없는 사막과 같습니다. 오름을 오르는 목적이 주변 경관을 조망하는 것인데 나무로 둘러싸여 보이지 않는다면 헛된 걸음이 되기 때문입니다. 그래서 정상부가 탁 트여진 곳이 좋습니다. 특히 올라가는 과정에서까지 조망이 가능하면 더욱 좋습니다.

걷기 가성비가 좋은 『도돌 오름』

제주민속오일장에서 서쪽으로 차로 8분 정도 가면 가성비 최고인 도두봉(도돌오름) 올레길이 있습니다. 이곳은 올레길 17코스 중의 한 구간입니다. 여기서 가장 편하면서 전망 좋은 올레길은 도두봉 북쪽에서 시작하는 코스입니다. 도두봉 남쪽의 장안사를 지나 북동쪽으로 250m 정도 떨어진 도두봉 펜션 맞은편에 주차한 후, 오름으로 가면 출발지에서부터 나무데크 길이 나옵니다. 이 코스는 오름의 둘레를 따라 동에서 서로 이어지는 400m 정도 둘레길입니다. 이 길을 걸으면 도두봉 북쪽과 서쪽의 바다가 한 눈에 들어옵니다. 나무데크 중간에는 전망대가 있습니다. 일종의 포토존입니다.

▲ 도두봉 둘레길

도두봉 서쪽에 있는 도두 항을 보면서 걷다가 남쪽으로 올라가면 운동 기구가 있는 공원이 나옵니다. 여기에는 도두봉 정상으로 올라가는 계단이 있습니다. 도두봉 높이가 63.5m이니, 실제로 올라가는 것은 20~30m 정도 될 것입니다. 정상에 올라가면 남쪽은 한라산, 동쪽은 제주 국제공항, 서쪽은 도두항, 북쪽은 바다가 보입니다. 이륙하고, 착륙하는 비행기들을 원 없이 봅니다. 도두봉 정상에는 제주도 북쪽 해안을 감시했던 봉수대가 있었습니다. 현재는 봉수대가 있었던 자리에 표지석이 있습니다.

▲ 도두봉 둘레길 전망대

오름의 장점은 뛰어난 조망력과 경관입니다. 그러나 오름 정상까지 올라가는 것이 힘들다는 문제가 있습니다. 그런데 도두봉은 바다에 인접해 있어 오름의 둘레길이 곧 오름의 전망대 역할을 합니다. 둘레길을 걷는 과정에 주변 경관을 조망하면서 즐길 수 있습니다. 오름 정상까지는 20~30m 정도만 오르면 됩니다.

이 정도 올라 북쪽의 제주 바다, 남쪽의 한라산, 그리고 제주의 동쪽과 서쪽을 한 눈에 볼 수 있는 가성비를 가진 오름과 올레길은 찾기가 쉽지 않습니다.

▲ 도두 봉수대 표지석

▲ 도두봉 정상에서 본 제주 국제공항

도두봉은 걷기 가성비뿐만 아니라 일몰을 구경하기 좋은 곳으로 널리 알려져 있습니다. 저녁 무렵 도두봉에 가면 일몰을 즐기기 위해 많은 사람들이 모여 있는 것을 볼 수 있습니다. 이곳에서 보는 일몰은 상당히 멋있습니다.

주차장 아래 바다에는 오목한 바닷가 지형을 가로지르는 돌담을 쌓고, 밀물과 썰물의 차이를 이용해 고기를 잡았던 '요메기원'으로 불렸던 갯담(원담)이 있습니다.

▲ 도두봉 정상에서 본 도두항

▲ 도두봉 정상에서 본 일몰

▲ 도두봉 나무데크 둘레길에서 본 도두항의 일몰

수성화산인『두산봉과 당산봉』

제주도에 일 년쯤 살면서 웬만한 곳은 돌아보았습니다. 몇 번씩 간 곳도 많습니다. 그럼에도 여전히 못간 곳이 있습니다. 오름이 그 곳입니다. 오름 수가 360여 개나 되니 하루도 거르지 않고 매일 두 곳을 올라도 180여 일은 족히 걸립니다. 가보지 않은 곳이 가본 곳의 10배는 됩니다. 한라산과 더불어 제주를 제주도답게 만드는 곳이 오름이어서 그런지 돌아갈 때가 되어가니 더욱 아쉬운 곳이 오름입니다. 하여 요즈음은 지도를 보면서 형태적으로 특이한 오름들을 찾아 답사합니다.

▲ 사진 오른쪽 해안가 오름: 지미오름, 왼쪽 해안가 오름: 두산봉

오름의 대부분은 화산 폭발로 하늘로 솟아올랐던 스코리아(scoria)들이 땅으로 떨어져 화구 주변에 쌓이면서 발달합니다. 화구 주변에 쌓인 스코리아들의

높이가 높아지면 경사도 급해집니다. 이로 인해 쌓여있던 스코리아들은 점차 사면 아래쪽으로 미끄러져 내립니다. 오름은 이런 과정으로 발달하기 때문에 밑변이 넓고 위쪽으로 갈수록 좁아지는 원추형을 띠게 됩니다. 이 같은 발달 특징을 갖는 오름들은 규모와 화구의 존재 유무에서 차이가 있지 형태는 거의 비슷합니다. 그런데 몇몇 오름은 형태가 아주 특이합니다. 주변 오름들과 확연히 구분될 정도입니다. 형태적 차이가 특히 뚜렷한 오름은 두산봉과 당산봉입니다. 이들 외에도 송악산, 당산, 매오름 등도 두산봉과 유사한 특징을 갖고 있습니다.

▲ 다랑쉬 오름 전경

두산봉과 당산봉은 몇가지 공통점이 있습니다. 첫째, 해안가에 있습니다. 둘째, 화산체의 형태는 원추형이 아니라 원통형에 가깝습니다. 그래서 화산체의 옆모습은 원추형이 아니라 직사각형에 가깝습니다. 셋째, 오름의 사면 경사는 다른 오름들과 비교가 되지 않을 정도로 급합니다. 특히 해안 쪽 오름 사면은 급경사의 절벽으로 되어 있습니다. 넷째, 화구가 아주 큽니다. 일반적인 오름은 화산체에 비해 화구가 작습니다. 그런데 두산봉과 당산봉의 화구는 화산체 자체가 화구일 정도로 큽니다. 다섯째, 일반적으로 오름의 화구에는 분화구만 있습니다. 그런데 두산봉과 당산봉의 화구에는 알처럼 작은 오름이 또 있습니다. 오름 속에 오름이 있는 이중화산체 구조입니다.

▲ 1: 두산봉, 2: 지미오름, 3: 다랑쉬오름, 4: 돗오름, 5: 둔지봉

▲ 1: 당산봉, 2: 차귀도

▲ 그림 왼쪽(다랑쉬 오름(1), 돗오름(2)의 화산체와 화구 모습), 그림 오른쪽(두산봉 화산체와 화구 모습)

▲ 1: 당산봉 화구 속의 알봉, 2: 당산봉 화구륜, 3: 차귀도

▲ 당산봉 서쪽 정상부에 발달한 급경사의 사면

▲ 당산봉 측면 모습(사진 왼쪽은 차귀도 부속 섬인 누운 섬이다)

▲ 두산봉의 남동쪽 정상부에 발달한 급경사의 사면

▲ 두산봉 측면 모습

두산봉과 당산봉이 형태적으로, 구조적으로 주변 오름들과 뚜렷이 구분된다는 것은 발달 과정이 다르다는 것을 의미합니다. 두산봉과 당산봉의 화산 활동을 추론하기 위해서는 이들과 유사한 형태를 가진 오름을 찾아, 그들로부터 화산활동 특징을 유추하는 것이 좋습니다. 두산봉 및 당산봉과 유사한 형태적 특징을 갖는 곳은 일출봉과 우도의 소머리 오름입니다.

일출봉은 바다에 위치하고, 화구가 곧 화산체 크기이며, 화산체의 사면은 가파른 경사의 절벽으로 되어 있습니다. 화산체의 모습도 원추형이 아닌 원통형에 가깝고, 화산체의 측면은 직사각형에 가까운 모습을 띠고 있습니다. 일출봉에는 없습니다만 우도의 소머리 오름에는 넓은 화구 속에 작은 오름인 알오름이 있습니다. 그리고 소머리 오름 화산체의 바다 쪽은 가파른 절벽으로 되어 있습니다. 이처럼 일출봉과 우도의 소머리 오름은 위치적으로, 형태적으로, 구조적으로 두산봉 및 당산봉과 아주 유사합니다. 이로 볼 때 두산봉과 당산봉은 일출봉의 화산 활동과 비슷한 메카니즘으로 발달한 것 같습니다.

▲ 일출봉 전경(출처:비짓제주(www.visitjeju.net))

▲ 일출봉의 측면 모습

▲ 우도의 소머리 오름(2)의 화구 속에 있는 작은 분석구(1)

일출봉과 우도의 소머리 오름은 이들의 위치에서 알 수 있듯이 바다에서의 화산활동으로 만들어졌습니다. 바다와 같이 물이 풍부한 곳에서 화산활동이 일어나면 마그마는 바닷물에 의해 냉각되고, 바닷물은 마그마에 의해 끓기 시작합니다. 냉각과 가열이 동시에 일어납니다. 이 과정에 마그마는 작은 조각으로 잘게 부서집니다. 뜨거운 유리잔에 찬 물을 부으면 유리잔이 산산조각 나는 것과 같습니다. 물과 마그마가 만나 격렬한 끓다가 강력한 폭발을 합니다. 이때 잘게 쪼개진 마그마들은 수증기가 함께 섞여 멀리 하늘 높이 솟아올랐다가 떨어져 쌓입니다. 이런 과정의 화산활동을 수성화산활동이라 합니다(한국지질자원연구원, 제주발전연구원, 2019).

수성화산활동으로 마그마는 화산재(화산회)라 불리는 직경 2mm 이하로 작게 부서져 수증기와 함께 하늘로 쏟아 올랐다 분화구 주변에 떨어집니다. 수성화산활동에 의한 화산재는 수분을 많이 머금기 때문에 잘 쌓입니다. 이렇게 쌓여 굳은 화산재(화산회)를 한자로 '응회'라 부르고, 암석으로 된 것은 '응회암'이라 부릅니다. 화산활동, 특히 수성화산활동에 의한 응회암으로 된 화산체의 높이가 100m 이상이고, 경사가 25° 이상으로 가파르면 '응회구'라 부르고, 그보다 낮고, 경사도 25° 이하로 완만하면 '응회환'이라 부릅니다. 일출봉과 우도의 소머리오름은 대표적인 응회구입니다. 산방산 앞에 있는 용머리 해안과 송악산 지역은 응회환으로 유명합니다. 응회구인 일출봉과 우도의 소머리 오름은 수성화산활동에 의해 만들어진 화산 지형이기 때문에 바다에 면한 화산체에는 파랑의 침식으로 '해식애'라는 가파른 사면이 발달해 있습니다. 사면 상에는 파랑의 침식으로 만들어진 해식동굴이 있습니다. 차귀도 포구(고산 포구) 쪽 당산봉 사면에는 용찬이 굴로 알려진 동굴이 있습니다. 이곳은 역시 파랑의 침식으로 만들어진 해식동굴입니다.

▲ 우도의 소머리 오름에 발달한 해식애와 해식동(1)

▲ 차귀도 포구 쪽 당산봉 서쪽 사면에 발달한 해식동

두산봉과 당산봉은 위치적으로, 형태적으로, 구조적으로 일출봉 및 소머리오름과 유사합니다. 이는 이들도 일출봉처럼 수성화산활동에 의해 발달했다는 것을 의미합니다. 이것이 두산봉과 당산봉이 다른 오름들과 형태적으로, 구조적으로 뚜렷이 구분되는 특징을 갖게 된 요인입니다.

며칠 동안 두산봉과 당산봉을 답사하면서 이들의 발달과정을 추론하였습니다. 그 과정에 범인을 추적하는 탐정 같은 탐험가가 되어 상상과 추론의 즐거움을 만끽하였습니다.

▲ 차귀도 전경

당산봉 앞 차귀도 포구에서 배를 타면 10분 정도 거리에 차귀도가 있습니다. 개인적 생각입니다만 제주도에 있는 여러 섬 중에서 경관뿐만 아니라 트레킹하기에도 가장 좋은 곳이 여기입니다. 섬도 좋지만, 섬에서 바라보는 제주도 모습은 더 좋습니다. 한라산과 그 앞의 오름들 그리고 바다, 이들이 어우러진 모습은 정말 아름답습니다.

차귀도는 우리나라 최초로 사제 서품을 받은 김대건 신부와도 관련이 깊습니다. 1845년 중국 상해에서 사제 서품을 받은 김대건 신부님은 일행과 함께 우리나라로 오다가 풍랑을 만나 28일간 표류하다가 차귀도에 표착했다고 합니다(네이버지식백과). 이런 이유로 차귀도에서 북동쪽으로 1.8km 정도 떨어진 용수리 포구에는 김대건 신부를 기념하는 성당과 김대건 신부 일행이 타고 왔던 라파엘 호를 형상화한 기념관이 있습니다. 기념관에는 한국의 천주교 역사와 김대건 신부에 대한 자료들이 전시되어 있습니다.

▲ 차귀도에서 본 제주도 경관

▲ 용수 포구에 있는 김대건 신부 기념 성당(좌)과 김대건 신부 제주 표착 기념관(우)

제주도에는 바람의 속도가 육지와 비교가 되지 않을 정도로 빠릅니다. 오름에 올라가면 바람에 날려가겠다 싶을 정도로 강한 바람이 자주 붑니다. 오죽하면 제주의 삼다 중 하나가 바람이겠습니까. 제주도 중에서도 특히 제주 서쪽 지역의 바람 속도가 빠릅니다. 오늘(2020.1.9) 제주 기상청에 의하면 제주 서부 지역인 고산의 풍속은 제주시의 3.7배, 동쪽인 성산읍의 3배, 서귀포에 비하면 무려 20배나 빠릅니다. 그래서 그런지 김대건 신부 기념 성당이 주변에 풍력발전소가 많습니다. 풍력발전기와 어우러진 성당 주변 마을도 참 예쁩니다.

▲ 성당 주변 마을 풍경

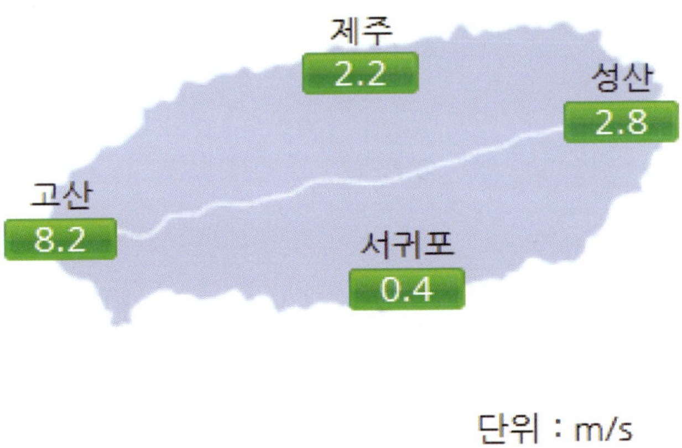

▲ 2020년 1월 9일 19시 제주 지역별 풍속(출처: 제주기상청)

X

제주의 섬 여행

사진: 마라도

마라도

우리나라 최남단 마라도에 갔습니다. 아침 7시 50분경 숙소에서 출발하여 8시 40분쯤 운진 항에 도착했습니다. 마라도에 가기 전, 부끄럽게도 나는 우리나라 최남단인 마라도는 제주도와 상당한 거리에 있을 것이며, 배도 상당 시간 타야 할 것으로 생각했습니다. 그런데 전날 표를 예약하면서 운진항에서 마라도까지는 11.8km이고, 배로는 25분밖에 걸리지 않는다는 것을 알았습니다. 마라도에서 1시간 40분 정도 머물다가 돌아온다는 것도 이 때 알았습니다.

▲ 마라도 위성 사진과 선착장 위치(사진 아래 쪽이 남쪽이다)

9시 40분에 운진 항을 출발하여 10시가 조금 넘어 마라도 북동쪽의 살래덕 선착장에 도착했습니다. 마라도 서쪽과 동쪽 해안 길 중 어디로 갈 것인지를 고민하다, 여행객들이 많이 가는 서쪽 길보다 한적한 동쪽 길을 택했습니다. 서쪽 길에는 마라도 짜장면으로 유명한 식당들이 즐비합니다.

▲ 마라도 해식애에 발달한 해식 동굴

선착장에서 본 마라도는 북쪽이 낮고 남쪽이 높은 길쭉한 형태이며, 전체적으로 아주 평탄했습니다. 대부분 땅은 초지와 경작지였고, 남쪽 일부에 숲이 있었습니다. 원래는 이렇지 않았습니다. 마라도는 섬을 둘러싸고 절벽이 발달해 있어 배를 되기가 어렵습니다. 물도 구하기 어렵습니다. 그래서 오랫동안 무인도로 있었습니다. 당시의 마라도는 울창한 원시림으로 덮여 있었습니다. 1883년(고종 20년)에 모슬포에 있던 김, 나, 한씨 등 4~5세대가 당시 제주 목사 심현택으로부터 개간 허가를 얻어 화전을 시작하고부터 삼림지대는 전부 불타 버렸습니다(다음 백과). 화전을 한 이유는 제주도가 그러했듯이 소를 키우기 위해서일 것입니다(제주도민일보, 2010.7.14).

마라도 동쪽 해안 길을 따라 가다가 처음으로 본 것은 물웅덩이입니다. 마라도는 물이 많이 부족합니다. 이 때문에 빗물을 모아서 생활용수로 사용합니다. 빗물이 모여있는 웅덩이의 물을 제주 사람들은 '봉천수'라고 합니다. 하늘이 준 물이라는 뜻입니다. 마을 사람들은 봉천수가 있는 웅덩이를 깨끗하게 보전하기 위해 공동으로 관리합니다. 이 물웅덩이도 마라도 주민들이 사용하였던 봉천수일 것입니다.

▲ 마라도 봉천수 1

이곳에서 남쪽으로 약 350m 정도 가면 우리나라 최남단인 마라도 등대가 나옵니다. 마라도에서 가장 높은 곳이 여기입니다. 집사람은 이곳에서 등대 여권을 받고 확인 도장까지 받았습니다. 등대 남쪽에 마라도 성당이 있습니다.

성당, 성모님, 등대가 어우러진 전경은 마라도에서 가장 아름다웠습니다. 이곳에서 잠시 내려가면 우리나라 최남단 표지석이 있습니다. 여기를 돌아 북쪽으로 가면 마을이 있고, 주변에는 마라도를 대표하는 여러 시설들이 있습니다. 마을 끝 부근에 가파초등학교 마라 분교가 있는데 현재는 휴교 상태입니다. 마라 분교는 1958년에 개교한 이래 학생들을 꾸준히 졸업시켰습니다. 그런데 2016년 2월 당시 유일한 학생이 졸업한 뒤에 입학생이 없어서 올해까지 4년째 휴교 중입니다. 취학 아동이 없어서 휴교한 것은 아닙니다. 취학 연령대의 아동은 있지만 모두 마라도 밖으로 나가 진학해서 학교 문을 열지 못하고 있습니다. 올해도 취학 연령대의 아동 1명이 있었지만 마라도 밖으로 전출했습니다(연합뉴스, 2019.2.15.).

▲ 마라도 성당과 등대

▲ 가파초등학교 마라 분교

▲ 산담으로 둘러싸인 마라도의 무덤

▲ 마라도 봉천수 2

마라분교에서 북쪽으로 약간만 가면 '산담'이라는 돌담으로 둘러싼 제주도 특유의 무덤이 있습니다. 그 주변에 또 웅덩이가 있습니다. 아마 이곳도 과거에는 봉천수(빗물)를 모아 놓았던 곳이 아닌가 생각됩니다. 마라도의 봉천수가 두 곳만 있었는지 모르겠지만 이들도 제주도처럼 물의 효율적 사용을 위해 기능을 달리했을 것입니다. 한 쪽은 식수로, 다른 쪽은 채소를 씻는 곳으로 나누어 사용했을 것으로 여겨집니다. 빨래하고, 목욕하는 곳은 다른 곳에 있었을 가능성이 있습니다.

이곳의 해안 쪽에는 마라도의 어부와 해녀의 안녕과 풍요를 기리는 해신당인 할망당이 있습니다. 척박한 자연환경으로 무속신앙이 유독 강했던 제주도의 모습을 여기서도 확인할 수 있습니다. 이들을 모두 보고, 해물짬뽕을 먹고 왔는데도 배가 출발하기 10분 전에 선착장에 도착할 수 있었습니다. 마라도는 여행 같은 답사를 할 가치가 충분한 섬이었습니다.

▲ 마라도 해신당 모습

▶ 이날 가파도에도 갔습니다만 청보리가 없는 가파도는 앙꼬 없는 진빵 같았습니다. 관광객의 시선을 끌 수 있는 매력적인 것이 없었습니다. 모든 지역에서 바다가 보이는 마라도와 달리 해발 고도가 낮고 평탄한 지형인 가파도는 섬 안쪽으로 들어가면 바다조차 잘 보이지 않았습니다. 3월 말에서 5월 초중순 사이에 열리는 청보리 축제가 가파도 관광의 핵심입니다.

제주도의 아름다움을 볼 수 있는 곳, 『우도』

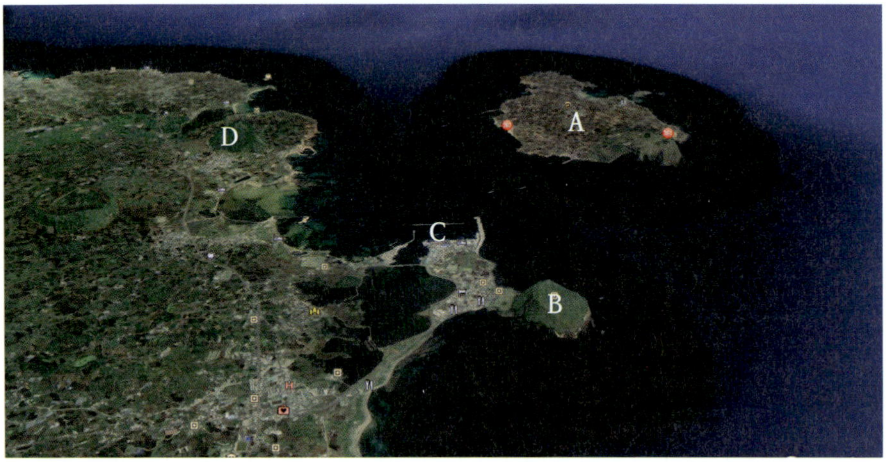

▲ A: 우도, B: 일출봉, C: 성산포 항, D: 지미봉

제주도에서 생활하면서 진짜 제주도를 두 번 보았습니다. 한번은 영실기암으로 한라산에 올랐을 때이고, 또 다른 한번은 우도에서 제주도를 보았을 때입니다. 진짜 제주도를 보았다는 것은 제주도의 핵심 지형인 한라산, 오름, 용암대지들이 어우러진 '제주도'의 전체 경관을 보았다 뜻입니다. 부분의 결합인 전체의 아름다움은 비유하면 눈, 코, 입, 하나하나의 아름다움이 아니라 이들이 모여 조화를 이룬 얼굴의 아름다움과 같습니다. 얼굴을 바로 앞에서 보지 않듯이 제주도도 일정 거리에서 볼 때 진짜 아름다움을 볼 수 있습니다.

영실기암에서는 한라산, 오름, 용암대지, 바다 순으로 어우러진 지형들을 보았습니다. 이때가 6월 초였습니다. 오늘(10. 9) 아침 9시 30분 성산항에서 우도로 갔습니다. 성산항에서 우도까지는 짧게는 2.2km, 길게는 3.6km입니다. 배를 타고 가면 제주도와 우도가 또렷하게 보이는 거리입니다. 배에서, 그리고 우도에서 보이는 제주도는 영실기암에서와는 반대로 바다, 용암대지, 오름, 한라산 순으로 지형들이 조화를 이루고 있습니다.

▲ 우도로 가는 배에서 본 한라산과 그 앞의 오름들 경관

▲ 우도의 쇠머리 오름에서 본 제주도 전경(왼쪽 끝: 일출봉, 오른쪽 끝: 지미 오름)

우도의 북서쪽에 위치한 하우목동 항에서 제주도를 좀 더 보기 위해 쇠머리 오름 쪽으로 갔습니다. 우도에서 가장 높은 우도봉은 쇠머리 오름 남쪽에 있습

니다. 이곳에서는 동쪽의 일출봉에서 서쪽의 김녕 해변 뒷쪽의 묘산봉까지의 제주도가 한 눈에 들어옵니다. 해안에 고깔처럼 솟은 지미봉은 위치로 인해 고도에 비해 우뚝 솟은 모습이고, 형태도 아주 또렷합니다. 그 왼쪽에는 오름의 여왕이라는 '다랑쉬 오름', 능선이 아름다운 '용눈이 오름', 이들 사이에 높이 솟은 '높은 오름', 억새가 아름다운 또 다른 오름의 여왕인 '따라비 오름' 등 한라산 북동쪽에서 남동쪽 사이의 오름들이 줄지어 서 있는 모습을 볼 수 있습니다. 이들 뒤에 한라산이 장엄하게 서 있습니다. 수평의 바다와 수직적이지만 상이한 높이의 오름들의 능선은 부드럽게 연결되어 있습니다. 이들과 마치 궁궐처럼 서 있는 한라산이 어우러진 모습은 장관이었습니다. 이런 모습이 특히 잘 보이는 곳은 우도 등대 홍보관 앞입니다. 제주도 모습에 매료되어 등대 앞을 떠날 수가 없었습니다. 한 자리에서 거의 두 시간 가까이 제주도를 보았습니다. 시간만 넉넉하였다면 하루 종일도 감상할 수 있을 것 같았습니다.

▲ 우도 등대 전경

▲ 우도 등대에서 본 제주도 전경

연간 약 200만 명이 오는 우도(https://www.visitjeju.net/kr/)를 '작은 제주도' '제주 안의 또 다른 제주'라고 부릅니다. 왜 그렇게 부르는지 잘 모르겠습니다. 적어도 내게 우도는 제주도에서 제주도의 아름다움을 가장 잘 볼 수 있는 곳입니다.

배에서 보는 우도는 남쪽이 높고, 북쪽이 낮습니다. 이는 우도의 남쪽은 우도를 만든 수성화산이 폭발한 화구가 있는 곳이어서 고도가 높고, 북쪽은 남쪽의 화구에서 흘러내린 용암이 만든 낮고 평탄한 용암 대지이기 때문입니다. 우도의 발달 과정을 좀 더 자세히 보면 이러합니다.

▲ 우도의 3차원 전경(A: 소머리 오름, B: 분석구, C: 용암 대지, D: 서빈백사, E: 하우목동항, F: 천진항)

우도의 남동쪽 해저에서 강력한 화산 폭발이 있었습니다. 그 위치는 오늘날 우도의 소머리 오름 부근입니다. 해저에서의 화산 폭발은 뜨거운 마그마가 차가운 바닷물과 섞이면서 강력하게 일어납니다. 폭발로 하늘로 분출한 수증기를 머금은 화산쇄설물들은 화구 주변으로 떨어져 쌓였습니다. 이렇게 발달한 곳이 소머리 오름(132m)입니다. '소가 누운 형태'라고 '우도'라 부르고, 소의 머리 부근에 해당되는 곳이라 하여 '소머리 오름'이라 부르는 것 같습니다. 소머리 오름 앞쪽에는 화산폭발로 발달한 화구가 있습니다. 북쪽으로 열려있는 화구의 중앙에 봉우리가 하나 있습니다. 이것은 우도를 만든 수중화산폭발은 멈추었지만 섬이 된 뒤에도 지속적으로 화산폭발이 있었고, 이 때 분출한 화산쇄설물들이 화구 안에 쌓여 만들어진 일종의 오름으로 '알오름'이라 합니다. 이 곳에 우도의 공동묘지가 있습니다. 오름이 발달한 다음에 용암들이 소머리 오름의 북서쪽으로 흘러내리면서 오늘날과 같은 넓고 평탄한 용암대지를 만들었습니다(우경식 외 5인, 2012, 송시태, 2003).

▲ 바다 쪽에서 본 소머리 오름 전경

▲ 남쪽(사진 오른쪽)이 높고 북쪽(사진 왼쪽)이 낮은 우도 전경

▲ 소머리 오름(사진 오른쪽 능선)과 알오름(사진 중앙의 구릉)

▲ 북쪽으로 열려있는 화구와 화구를 둘러싼 화구륜, 그 속의 알오름(사진 중간)과 우도 저수지

우도와 관련된 블로그에 가장 많이 소개되는 곳은 서빈백사입니다. 우도에서 가장 유명한 곳입니다. 그런데 막상 가보면 김녕, 금릉, 협재 해변의 아름다움에 못 미칩니다. 규모로도 이들 해변에 미치지 못합니다. 소문과 다른 이곳을 이해하려면 해변을 구성하는 물질의 의미와 가치를 알아야 합니다.

제주도 북쪽에 있는 금릉, 협재, 함덕, 곽지, 김녕 해수욕장에는 곱디 고운 하연 모래 같은 퇴적물이 많습니다. 얼른 보면 모래와 같습니다. 그런데 이곳 해변에 있는 모래처럼 보이는 것은 해저에 있던 죽은 조개류들이 파랑과 태풍에 의해 깎이고 갈려서 만들어진 것입니다.

▲ 홍조단괴로 구성된 서빈백사 전경

제주도 하천은 대부분 물이 흐르지 않는 건천입니다. 하천은 많은 비가 올 때만 일시적으로 흐릅니다. 이러하니 하천이 암석을 침식하여 모래를 만들기는 어렵습니다. 이것이 제주도에 모래 해안이 잘 발달하지 않는 이유 중 하나입니다. 반면 제주도 얕은 바다에는 소라, 고동, 전복, 성게 등 패각류와 암석 부착성 석회질각 생물들이 많습니다(지광훈 외 3인, 2008). 이들 중 죽은 것들은 파랑과 태풍 시, 바닷물의 이동으로 깎이고 갈려서 가는 모래처럼 됩니다. 이들은 얼른 보면 고운 모래 같지만 실상은 조개껍질입니다. 이런 것을 '패사'라고 합니다. 모래 같은 조개라는 뜻입니다.

제주도 해수욕장에서 조개껍질과 같은 석회질 퇴적물이 차지하는 비중은 평균 67%가 넘습니다. 이 같은 특성이 많이 나타나는 곳은 관광객들이 몰리는 금릉, 협재, 함덕, 곽지, 김녕 해수욕장입니다. 이들 중에도 패사가 많은 곳은 김녕 해수욕장입니다. 이곳은 조개껍질로 된 석회질 퇴적물이 무려 98%나 됩니다(제주특별자치도, 2019). 그리고 이곳에 있는 패사들은 밀가루처럼 희고, 곱습니다. 이런 패사들이 얕은 해저에도 넓게 깔려 있으니 이들이 햇빛에 반사되어 물은 더욱 맑고 깨끗하게 보입니다. 이것이 이들 해변의 바닷물을 옅은 비취색과 같은 독특하고, 신비로운 색깔로 만듭니다.

▲ 김녕의 패사 해수욕장

2000년대 초기까지 우도의 서빈백사도 패사로 되어 있다고 생각했습니다. 그러나 우경식의 연구에 의해 이곳의 석회질 퇴적물의 기원은 '홍조단괴'라는 것이 밝혀졌습니다(정주봉, 2016). 홍조단괴가 해빈의 형태로 나타나는 것은 세계적으로도 드문 현상(허남국 외 5인, 2010)이기 때문에 서빈백사는 2004년 천연기념물로 지정되어 국가로부터 보호를 받고 있습니다.

우도 팔경 중 하나이자 우도에서 가장 유명한 '서빈백사'를 구성하는 홍조단괴는 홍조류가 단단한 덩어리 형태(단괴)로 성장한 것입니다. 홍조류는 광합성을 하는 식물이기 때문에 햇빛이 미치는 수심 수 미터 이내의 얕은 바다에서 자라고(우경식 외 5인, 2012), 홍조단괴의 평균 성장률은 0.015~2.5mm/year 정도입니다. 우도의 서빈백사 지역에 있는 홍조류의 평균 성장률은 연간 0.25mm/year 정도입니다. 따라서 홍조 단괴의 성장 방향 길이가 2.5cm이면 성장 기간이 100년 정도 된 것입니다(허남국 외 2인, 2012).

홍조류는 세포 내 혹은 세포 벽 사이에 탄산염 광물인 방해석을 침전시키며 자라는 해조류입니다. 이것이 핵을 중심으로 성장하면서 조류나 파도에 의해 구르거나 뒤집혀 동심원상으로 자라 홍조단괴로 발달합니다. 또한 홍조단괴는 살아있을 때는 조직 내 색소 때문에 붉은 색을 띠지만 죽으면 유기물이 분해되면서 백색으로 변하는 특징이 있습니다(정주봉, 2016, 5). 서빈 백사 해수욕장의 해빈이 하얗고, 가는 모래처럼 된 것도 죽은 홍조단괴가 파랑에 깎이고 갈린 것이 쌓였기 때문입니다.

▲ 서빈백사의 홍조단괴 모습

오늘날은 작은 제주도로 불리며 연간 약 200만 명이 오는 우도이지만 우도에 사람이 살기 시작한 것은 헌종 8년(1842년)부터입니다. 겨우 177년 전입니다. 당시 제주 목사였던 이원조가 장계를 올려 우도 목장의 개간을 허락받음으로서 (강만익, 1993, 네이버 지식백과) 우도로의 이주가 가능했습니다. 이 시기는 우리나라 최남단이자 우도의 1/21 정도밖에 되지 않는 마라도(약 0.3km^2) 개발보다 겨우 40년 앞섭니다. 우도는 제주도에 부속된 섬들 중 가장 크고, 면적의 71%가 경지로 사용될 만큼 평탄합니다(네이버 지식 백과). 제주도에서의 거리도 성산포 항과 거리가 짧게는 2.2km 불과할 정도로 가까워 여객선으로 10여 분이면 닿을 거리입니다. 면적이나 위치 등으로 볼 때 우도는 마라도 비해 수 세기 앞서 사람들이 살았어야 할 곳인데도 그러하였습니다.

▲ 이원조 목사 초상(출처: 제주목관아 역사관)

이렇게 된 이유로 왜구의 빈번한 침입을 꼽고 있습니다. 우도는 거주 기피 대상 지역이었습니다. 이것이 오랫동안 우도에 사람이 거주하지 않은 이유일 것으로 보고 있습니다. 이런 문제로 숙종 이전의 우도는 말 목장만 있었습니다. 숙종 28년(1702년) 이형상 목사의 제주도 순력(순회)을 그린 탐라순력도에 '우도점마'라는 제목의 그림이 있습니다. 그림에서 보듯이 당시 우도에는 가옥도, 마을도 없습니다. 당시 우도에는 말을 관리하는 목자와 보인 23명, 말 262필이 있었습니다. 1842년에 이주가 시작되었고, 60여 년이 지난 1904년에는 140가구에 679명이 거주하였습니다(강만익, 1993). 제주 주민등록인구통계에 의하면 2019년 11월 우도에는 1,007세대, 1,894명이 살고 있습니다.

▲ 탐라순력도의 우도점마에 나타난 우도 전경

참고문헌

강만익, 2018, '향토유산' 제주도 잣성의 등장 배경과 축조양상, 2018 박물관 아카데미 '제주다움'; 제주특별자치도 민속자연사박물관.

강만익, 1993, 우도 어촌의 성립과 변천과정, 제주도연구, 10, 175-202.

고광민, 2018, 제주 생활사, 도서출판 한그루.

고기원, 박준범, 강봉래, 김기표, 문덕철, 2013, 제주도의 화산활동, 지질학회지, 49(2), 209-230.

국립제주박물관, 2017, 국립제주박물관, 반디컴피앤씨.

국립제주대학교, 2002, 만농 홍정표 선생 사진집; 제주 사람들의 삶, 일원피앤씨.

국립제주박물관 2001, 제주의 역사와 문화, 통천문화사.

권혁재, 1999, 지형학, 법문사.

김대신, 고석형, 김수경, 김종식, 강인보, 2012, 제주도 곶자왈 지대의 식물상, 한국토양비료학회 학술발표 초록집, 132-133.

김미령, 2003, 제주도 하천의 하계망 분석, 제주대학교 교육대학원 석사 논문.

김보한, 2017, 몽골의 고려, 일본 침공과 해안성곽의 성격에 대한 고찰, 한일관계사연구, 55, 39-59.

김봉렬, 2006, 김봉렬의 한국건축 이야기 3, 돌베개.

김일우, 2016, 조선시대 제주 관방시설의 설치와 분포 양상, 한국사학보, 65, 285-317.

김유정, 손명철, 2007, 제주의 무덤. 국립민속박물관.

김유정, 2015, 제주의 돌담, 대원사.

김형철, 오상실, 송영철, 김영주, 2013, 제주지역 절물 자연휴양림 대기 중 피톤치드 분포 특성 연구, 한국자연치유학회지, 2(2), 89-98.

박명호, 김지훈, 서광수, 2005, 제주도 동부지역 제 4기 신양리층의 지화학적 특성 연구, 지질학회지, 41(1), 19-33.

부성안, 정교철, 김혜빈, 김경수, 우명하, 이병호, 2005, 제주도 지질구조선과 함덕-표선 시구대, The Journal of Engineering Geology, 15(4), 475-486.

송시태, 2003, 우도의 지형·지질에 관한 연구, 백록논총, 5(2), 269-279.

송언근, 2020, 지리로 가는 제주의 역사, 문화, 생태 답사, 교육과학사.

송언근 외 8인, 2002, 지리로 읽는 대구이야기, 도서출판 영한.

신효성, 2016, 조선후기 제주도 관방체계, 역사와 실학, 59, 103-133.

안웅산, 2016, 고문헌에 기록된 제주도 최후기 화산활동에 관한 연구, 암석학회지, 25(1), 69-83.

안웅산, 손영광, 강순석, 전용문, 최형순, 2015, 제주도 곶자왈 형성의 주요 원인, 지질학회지, 51(1), 1-19.

안웅산, 최형순, 2016, 매우 젊은 곶자왈 용암류의 연대: 곶자왈 형성의 주요 요인, 지질학회지, 52(4), 433-441.

우경식, 윤석훈, 손영관, 김련, 이광춘, 임종덕, 2013, 제주도 우도 지역 내 지질유산의 다양성과 가치, Korean Journal of Cultural Heritage Studies, 46(1), 290-317.

윤용택, 2014, 곶, 자왈 곶자왈에 대한 인문학적 성찰, 제주도연구, 41, 27-59.

윤용혁, 1994, 고려 삼별초의 제주 항전, 제주도연구, 11, 41-82.

윤용혁, 2014, 무인정권・몽골, 그리고 바다로의 역사 삼별초, 도서출판 혜안.

이상길, 2010, 제주도 구좌읍 비자림의 생물상, 생장특성, 무육 강도에 따른 식생변화 및 보전방안에 관한 연구, 수목보호, 15, 41-51.

정주봉, 2016, 제주 우도 홍조단괴해빈과 연안의 퇴적특성 및 시・공간적 변화, 부경대학교 대학원 박사학위논문.

조성윤, 2012, 알뜨르 비행장: 일본 해군의 제주도 항공기지 건설 과정, 탐라문화, 41, 396-437.

조정권, 2015, 제주지역의 묘지 점유와 분쟁, 장서각, 34, 1104-135.

제주도, 1999, 제주의 물, 용천수, 경신인쇄소.

제주특별자치도, 2018, 제주 상수도 개발 60년사, 경신인쇄소.

제주특별자치도, 2019, 제주특별자치도지, 하나 C&C 출판.

제주특별자치도, 2006, 제주 산림의 어제와 오늘 제주 산림 60년사, 제주도인쇄정보산업협동조합.

지광훈, 최성길, 정동호, 이성순, 2008, 위성에서 본 한국의 해안지형, 플러스 한밭.

최영박, 1998, 인간과 물과 문명, 와우.

한국지질자원연구원, 제주발전연구원, 2019, 제주도 지질여행, 한국지질자원연구원, 제주발전연구원.

허경진, 2001, 한국의 읍성, 대원사.

허남국, 우경식, 홍완, 2012, 제주도 우도 부근의 홍조단괴를 이용한 고수온과 단괴 성장률 추정 고환경 복원에 대한 여비 연구 결과, 지질학회지, 48(4), 285-297.

blog.daum.net/ogtour/15966843

walartmuseum.or.kr/services/

http//jeolmul.jejusi.go.kr

https://terms.naver.com/

https://100.daum.net/

http://jeju.grandculture.net/local=jeju

http://www.culturecontent.com/main.do(한국콘텐츠진흥원 문화콘텐츠닷컴)

http://www.jeju.go.kr/index.htm(제주특별자치도)

https://ijto.or.kr/korean/(제주관광공사)

http://www.jeju.go.kr/museum/index.htm(제주특별자치도민속자연사박물관)

http://www.jeju.go.kr/jejuwater/index.htm(제주특별자치도상하수도본부)

http://jeju.museum.go.kr/html/kr/index.html(국립제주박물관)

송언근(宋彦根)

경북대학교 지리교육과에서 학사와 동대학교 대학원에서 석 · 박사를 취득하였습니다. 1994년부터 현재까지 대구교육대학교 사회과교육과 교수로 재직 중이며, 한국지리환경교육학회장을 지냈습니다. 뉴질랜드 크라이스트쳐치 교육대학 및 제주대학교에서 연구교수를 지냈습니다.

지리 교수와 함께 가는 제주 여행

2020년 3월 2일 1판 1쇄 인쇄
2020년 3월 10일 1판 1쇄 발행

지은이 : 송 언 근
펴낸이 : 한 정 주
펴낸곳 : 교육과학사

지은이와 협의하에 인지생략

경기도 파주시 광인사길 71
전화(031)955-6956~8/팩스(031)955-6037
Home-page: www.kyoyookbook.co.kr
E-mail: kyoyook@chol.com
등록: 1970년 5월 18일 제2-73호

낙장 · 파본은 교환해 드립니다.
Printed in Korea.

정가 27,000원
ISBN 978-89-254-1451-5